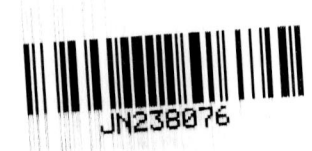

Webテクノロジーを知るための9つの扉

インターネット技術の絵本

（株）アンク 著

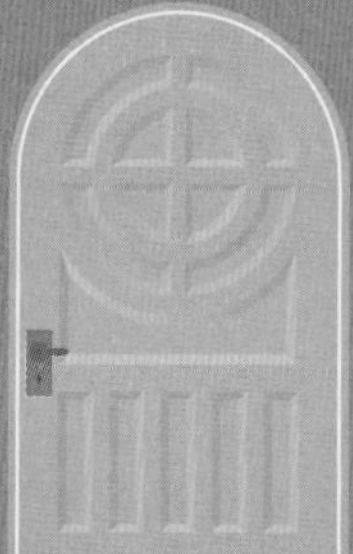

SE
SHOEISHA

翔泳社 ecoProject のご案内

株式会社 翔泳社では地球にやさしい本づくりを目指します。
制作工程において以下の基準を定め、このうち4項目以上を満たしたものをエコロジー製品と位置づけ、シンボルマークをつけています。

資材	基準	期待される効果	本書採用
装丁用紙	無塩素漂白パルプ使用紙 あるいは 再生循環資源を利用した紙	有毒な有機塩素化合物発生の軽減（無塩素漂白パルプ） 資源の再生循環促進（再生循環資源紙）	○
本文用紙	材料の一部に無塩素漂白パルプ あるいは 古紙を利用	有毒な有機塩素化合物発生の軽減（無塩素漂白パルプ） ごみ減量・資源の有効活用（再生紙）	○
製版	CTP（フィルムを介さずデータから直接プレートを作製する方法）	枯渇資源（原油）の保護、産業廃棄物排出量の減少	○
印刷インキ*	大豆インキ（大豆油を20%以上含んだインキ）	枯渇資源（原油）の保護、生産可能な農業資源の有効利用	○
製本メルト	難細裂化ホットメルト	細裂化しないために再生紙生産時に不純物としての回収が容易	○
装丁加工	植物性樹脂フィルムを使用した加工 あるいは フィルム無使用加工	枯渇資源（原油）の保護、生産可能な農業資源の有効利用	

*：パール、メタリック、蛍光インキを除く

本書内容に関するお問い合わせについて

本書に関するご質問、正誤表については、下記のWebサイトをご参照ください。

正誤表　http://www.seshop.com/book/errata/
出版物Q&A　http://www.seshop.com/book/qa/

インターネットをご利用でない場合は、FAXまたは郵便で、下記にお問い合わせください。

〒160-0006　東京都新宿区舟町5
（株）翔泳社 編集部読者サポート係
FAX番号：03-5362-3818

電話でのご質問は、お受けしておりません。

はじめに

Webサイトやブログの閲覧、オンラインショッピング、ネットオークション、電子メールの送受信など、インターネットは今や私たちが何かをするときの当たり前の手段になっています。

しかし、この本を手に取られた方の中には「なんだかわからないけれど、インターネットにつながって、Webページが見られる」「よくわからないけれど、メールの送受信ができる」……そのような状態でインターネットを利用している方もいらっしゃることと思います。しかしどうでしょう。この「わからない」ところが「わかる」ようになったら、暗い所が明るくなったようで、楽しくなりませんか？ちょっとしたトラブルに遭遇したときにも、その知識が役に立つかもしれません。

本書は、インターネットのしくみやインターネットで利用されている技術についての入門書です。コンピュータどうしのやり取りや、インターネット上で行われているさまざまな処理は、普段私たちの目に直接触れることがないぶん、理解するのが難しい分野です。そこで本書では、インターネットの基礎を知らない初心者向けに、少しでもイメージしやすいようイラストをふんだんに使って解説をしています。インターネットとは何かというもっとも基本のところから、サーバーサイドスクリプト、そしてセキュリティに関する内容まで解説している、盛りだくさんの1冊になっています。

インターネットの世界はとても広く複雑で、もちろん本書1冊でカバーできるものではありません。しかし、何事も大事なのは基礎作り、基本を知ることです。本書は、みなさんがインターネットという広い世界に1歩踏みだすお手伝いをします。

本書が、インターネットを今よりもっと楽しく利用できるきっかけになれば幸いです。

2009年8月 著者記す

≫本書の特徴

- 本書は見開き2ページで1つの話題を完結させ、イメージがばらばらにならないように配慮しています。また、後で必要な部分を探すのにも有効にお使いいただけます。
- 各トピックでは、難解な説明文は極力少なくし、難しい概念であってもイラストでイメージがつかめるようにしています。詳細な事柄よりも全体像をつかむことを意識しながら読みすすめていただくと、より効果的にお使いいただけます。
- 本書は、コンピュータのOSを限定しない内容を心がけていますが、内容によってはMicrosoft Windows Vista / XPを基準として紹介していることもありますのでご了承ください。

≫対象読者

本書は、インターネットのしくみをはじめて学ぶ方はもちろん、少し知ってはいるけれどあらためて基本を学び直してみたいという方にもおすすめします。
本書でインターネットへの興味が増し、さらに詳しく知りたいと思われた方には、「TCP/IPの絵本」をおすすめいたします。

≫表記について

本書は以下のような約束で書かれています。

【例と実行結果】

プログラミングで入力する内容

例

hello.html

```
<html>
<head>
<title>hello</title>
</head>
<body>
<script type="text/javascript">
        document.write("Hello World!");
</script>
</body>
</html>
```

実際の画面に表示される内容

【書体】

ゴシック体：重要な単語
`List Font`：プログラミングに実際に用いられる文や単語
`List Font`：List Fontの中でも重要なポイント

【その他】

- 本文中の用語に振り仮名を振ってありますが、あくまで一例であり、異なる読み方をする場合があります。
- コンピュータや各種アプリケーション上で表示される内容などは、利用する環境によって異なることがあります。

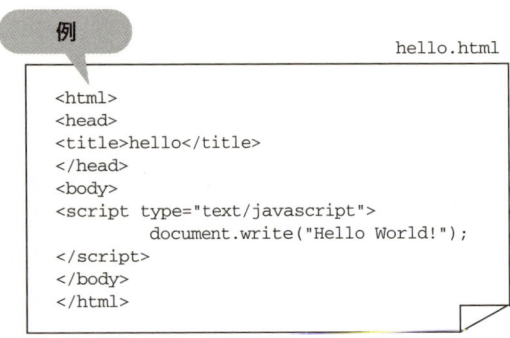

もくじ

インターネット技術の勉強をはじめる前に

データのやりとり

コンピュータどうしをつなぐと、それぞれのコンピュータが持っているデータをすばやく、そして簡単にやり取りできるようになります。

たとえば、仕事に必要な書類をチームのメンバーでやり取りしたり、情報を検索したり、共有のプリンタで印刷をしたりできます。これらは、すべてコンピュータどうしをつないで、データのやり取りを可能にしたことで、成り立っているのです。

このように、コンピュータどうしを何らかの手段でつなぎ、やり取りができるようにしたものを**コンピュータネットワーク**といいます。最近では、私たちの身の周りにさまざまなコンピュータネットワークが存在していて、私たちは意識的にしろ無意識にしろ、その恩恵にあやかっています。コンピュータネットワークは、私たちの生活を便利にするものであると同時に、現代社会においては無くてはならないほどに浸透しているといってよいでしょう。

本書で扱うインターネットは、そんなコンピュータネットワークのうち、もっとも巨大な、つまり全世界規模のコンピュータネットワークです。インターネットでは、全世界規模で情報のやり取りができることになります。

インターネット以前

現在のように「インターネット」が一般的になる前にも、コンピュータネットワークは存在していました。

コンピュータネットワークのはじまりとしては、1950年代後半から登場しはじめた、オンラインシステムがあげられます。オンラインシステムとは、中央装置（ホストコンピュータ）に端末を接続して処理を行うしくみのことです。日本では、1959年から開発がはじめられた国鉄の座席予約システムや1964年に稼動した東京オリンピックの記録管理システムが、初期のオンラインシステムといわれています。当時はまだまだ個人用のパソコンとよべるようなコンピュータは存在していませんから、大型のコンピュータに専用の端末を接続して操作するという、たいへん大掛かりな装置となっていました。

その後、銀行や旅行代理店などでも用いられるようになり、ネットワークを利用した業務処理が、企業などを中心に普及していきました。

パソコン通信の時代

個人にまでネットワークの利用が浸透した大きなきっかけとして、日本ではパソコン通信の存在があります。

パソコン通信とは、インターネットが一般化する前、1980年代半ば〜1990年代前半ごろに人気のあったデータ通信方法です。通信のためにはパソコンにモデムという機械を接続し、アナログ電話回線（一般加入電話）を通じて、ホスト局と呼ばれるコンピュータにダイヤルアップ接続をします。全国各地に接続地点（アクセスポイント）が設けられ、そのうちの最寄りのアクセスポイントに電話をかけてホスト局に接続する、というしくみです。接続している時間ぶんの電話料金が発生し、商用パソコン通信サービスであれば利用料金も課金されました。それでもネットワークを通じたやり取りは大変魅力的であり、またパソコンやモデムが比較的安価で購入できるようになったこともあって、驚くほどの速さで人々の間に普及していきました。全盛期には、大小、非常に多くのパソコン通信サービスが存在していました。当時の大手のパソコン通信サービスでは、NIFTY-Serve、アスキーネット、PC-VANなどが有名です。

パソコン通信では主に電子メール、BBS（掲示板）、チャットによる情報交換、ソフトウェアのダウンロードなどが行われました。これらが現在のインターネットと異なるのは、パソコン通信が閉じたネットワークであり、さまざまなサービスを利用できるのは原則としてそのパソコン通信の会員だけだということです。また、文字を中心としたやり取りでもありました。

ネットワークの利用を身近なものにしたパソコン通信ですが、1990年代半ば以降のインターネットの普及とともに衰退し、現在ではほとんど利用されていません。

インターネットとWWWの普及

インターネットは、アメリカ国防総省の高等研究計画局が1969年に研究開発した、ARPANET《アーパネット》というコンピュータネットワークが前身になっています。このARPANETは、「一部のコンピュータが停止しても、全体としては稼働できるコンピュータシステム」という考えかたのもとに開発されたものでした。その後、大学や企業、政府関係組織などが接続するようになり、またアメリカ以外からの接続も開始され、世界的に広がっていきました。

1986年になると学術研究用に大学などを結んだネットワーク、NSFNetが構築され、インターネットの基幹回線としての役割はこちらに移ります。この頃には商用のネットワークが始まっており、1990年頃からそうしたネットワークが商用利用のためにNSFNetへの接続を開始します。この商用ネットワークのサーバーには、その頃企業等に普及しはじめたUNIXが使われました。こうして現在のインターネットの原型が作られ、発展していきます。

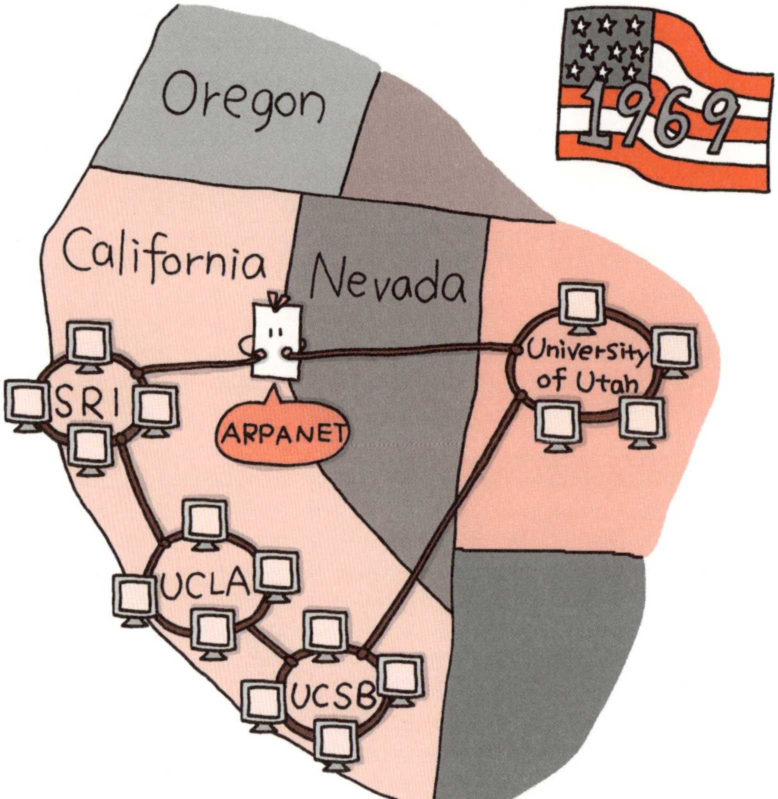

インターネットが広く一般に普及した背景には、World《ワールド》 Wide《ワイド》 Web《ウェブ》（WWW、Web）の存在があります。

WWWは1989年、欧州合同原子核研究機構（CERN《セルン》）に集まった学者たちの、文書情報の共有手段として考えだされました。当時CERNに集う研究者たちはそれぞれ独自のコンピュータや文書システムを使っていたため、情報の共有が非常に困難でした。こうした状況に、科学者ティム・バーナーズ＝リーは、ネットワーク上で研究情報を簡単に共有しあえるしくみが必要だと考えました。そこで彼はインターネット上にある世界中の文書をハイパーリンクという機能によって関連付け、相互に参照しあえるようにするしくみ、つまりWWWを提案したのです。

初期に開発されたWWW用閲覧ソフト（Webブラウザ）は、いずれも文字と画像を別々にしか扱えませんでしたが、1993年に文字と画像を同じウインドウ内に混在して表示できるNCSA Mosaicが発表されると、これが人々の注目を集めます。そして、翌年には、Netscape Navigatorが発表されて人気を得、WWWの爆発的な普及へと続いていきます。

インターネットを使ったサービス

ネットワークを使って実現できる機能を「**通信サービス**」といいます。初期の通信サービスは、文字と画像をリンク機能で呼び出すだけのシンプルなWebサイトや、電子メールのやり取りが主なものでした。その後多くの技術が生み出され、さらにそれを組み合わせて利用したりすることで、さまざまなサービスが可能になっています。インターネットを使ったサービスにはどのようなものがあるか、代表的なものを見てみましょう。

情報を探す・閲覧する

情報を検索したり、関心のあるテーマのWebサイトを閲覧できます。

- ポータルサイト
- 検索エンジン（サーチエンジン）

など

情報を発信する

情報の発信ができます。

- Webサイト
- ブログ
- メールマガジン

など

交流する

意見や情報の交換をしたり、連絡をとったり、交流したりできます。

- 電子掲示板（BBS）
- チャット
- SNS
- 電子メール

など

便利に利用する

実際の店舗などに出向かずに、買いものや取引をしたり、宿泊施設や交通機関の予約をしたりできます。

・オンラインショッピング
・オンライン予約
・オンラインバンキング
・ネットオークション

など

音楽や映像を楽しむ

音楽・映像などの視聴や購入ができます。CDやDVDではなく、ファイルをダウンロードして購入することが可能です。

・音楽や動画の配信
・テレビ番組やラジオ番組
・動画共有サービス

など

その他

次のようなこともできます。

・ファイル転送
・IP電話
・ファイル共有

など

携帯電話とインターネット

携帯電話はそれぞれの会社が独自の仕様で通信を行っているため、インターネットとはしくみが異なります。しかし、現在では携帯電話からでもインターネットが利用できるようになっています。

1

インターネットの基礎

第1章

第1章は ここがkey!

インターネットってなんだろう

コンピュータどうしをつないで、データをやりとりできる状態にしたものを、**コンピュータネットワーク**といいます。コンピュータ用語では、単にネットワークと呼ばれることもあります。学校、企業、団体、地域など、ある程度の大きさのものはもちろん、個人が所有する数台のコンピュータをつないだものも、コンピュータネットワークです。

インターネットは、世界中にあるこうした大小さまざまなコンピュータネットワークを、相互に接続することで成り立っている、**巨大なコンピュータネットワーク**のことです。直接意識することは少ないかもしれませんが、私たちがPCや携帯電話を使って情報やデータを得ようとするとき、全地球規模のコンピュータネットワークと通信をしているのです。

世界中のコンピュータとやり取りをしようとするときに問題になるのは、世界にはたくさんのコンピュータがあって、しくみも異なっているということです。そこで、種類やしくみの違うコンピュータどうしでも問題なくやり取りができるよう、通信方法に共通の決まりごとが作られました。この決まりごとを**プロトコル**といいます。詳しくは第6章で説明しますが、コンピュータどうしの通信を考える場合には必要な言葉ですので、覚えておきましょう。

インターネットにはどうやって接続するの？

インターネットを利用するには、まずインターネットという巨大なネットワークに参加しなくてはなりません。そこで、**インターネットサービスプロバイダ**（ISP）という接続仲介業者と契約をして、インターネットまでの経路を取り次いでもらいます。

接続方法には、FTTH（光ファイバー）、ADSL、CATVインターネット、アナログ電話回線、ISDN、無線などがあります。なかでも光ファイバーを利用したFTTHは、高速で安定した通信ができるため、急速に契約者数を伸ばしています。アナログ電話回線やISDNは、現在のようにFTTHやADSLの環境が整って広く普及する前に、一般的に利用されていました。

第1章で扱う内容は、インターネットを利用しようとするときの基本となることです。すでにインターネットを利用している人には、よく耳にするような言葉が多く登場します。準備体操のつもりで読んでみるのもよいでしょう。

コンピュータネットワーク

複数のコンピュータをつないでデータをやり取りできるようにすれば、1台では不可能なことも、可能になります。

I コンピュータネットワーク

コンピュータどうしをケーブル（銅線や光ファイバーなど）や赤外線、電波など何らかの手段でつなぎ、さまざまなデータをやり取りできる状態にしたものを、**コンピュータネットワーク**といいます。

プリンタを使って印刷します。
他のコンピュータとファイルをやり取りします。
他のコンピュータとファイルを共有します。
コンピュータネットワークは、単に**ネットワーク**とも呼びます。

コンピュータどうしをつなぐことで、データやいろいろな機器などを共有できるようになります。

Ⅰ コンピュータネットワークの種類

コンピュータネットワークはその規模によって分類できます。代表的なものには、LAN《ラン》やWAN《ワン》、インターネットがあります。

範囲

最近はコンピュータの
普及にしたがって、
家庭内にLANを構築するケースも
増えています。

»LAN

Local Area Network《ローカル エリア ネットワーク》の略で、大学や研究所、企業の施設内など、比較的狭い空間にある機器どうしをつないだネットワークです。

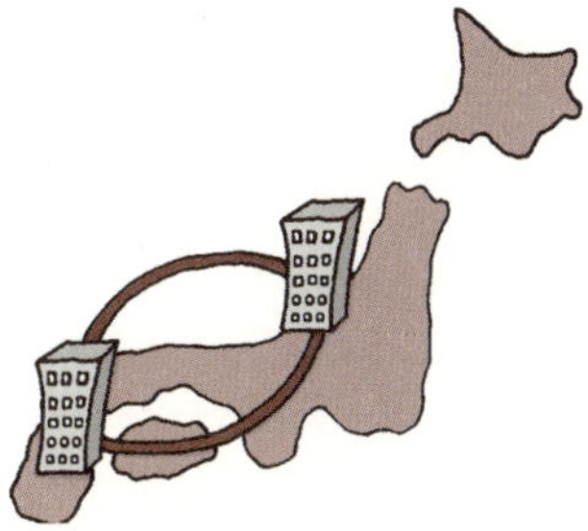

»WAN

Wide Area Network《ワイド エリア ネットワーク》の略で、会社の支店間など、物理的に離れた場所にある機器どうし（あるいはLANどうし）をつないだ比較的大規模なネットワークです。

»インターネット

複数のLANやWANをつないだ地球規模のネットワークです。コンピュータどうしはもちろん、携帯電話や小型携帯端末とも相互にデータをやりとりできます。

広い

また、組織や企業など特定の範囲にLANを構築する際にインターネットの技術を利用したものを、**イントラネット**といいます。

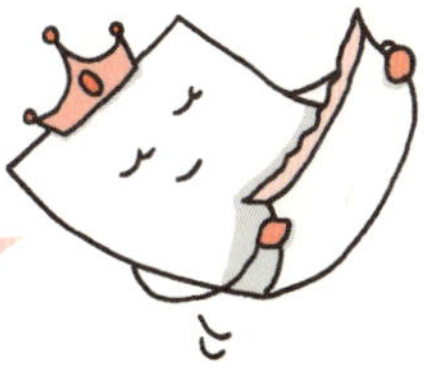
インターネットに
ついては次項でも
説明します。

インターネット

インターネットとはコンピュータネットワークの集合体です。

I インターネット

インターネットは、コンピュータネットワークどうしを地球規模で相互に接続した、世界最大のコンピュータネットワークです。

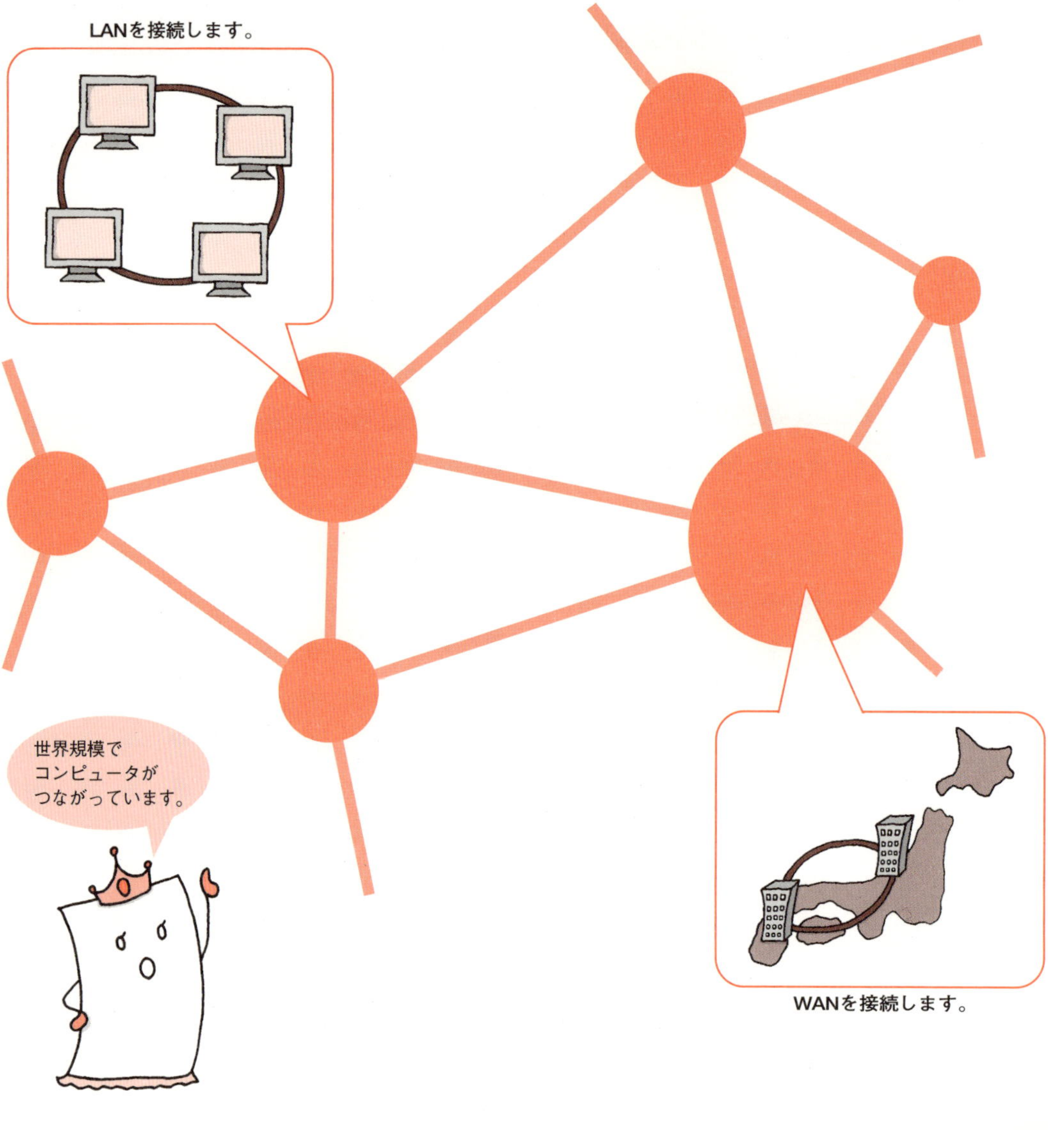
LANを接続します。
世界規模で
コンピュータが
つながっています。
WANを接続します。

I インターネットの特徴

インターネットには、全体を管理するコンピュータがありません。各ネットワークがそれぞれの内部を管理し、互いにサービスや情報を提供しあうことで成り立っています（**分散型のネットワーク**）。また、通信には**TCP/IP**という**プロトコル**が使われています。

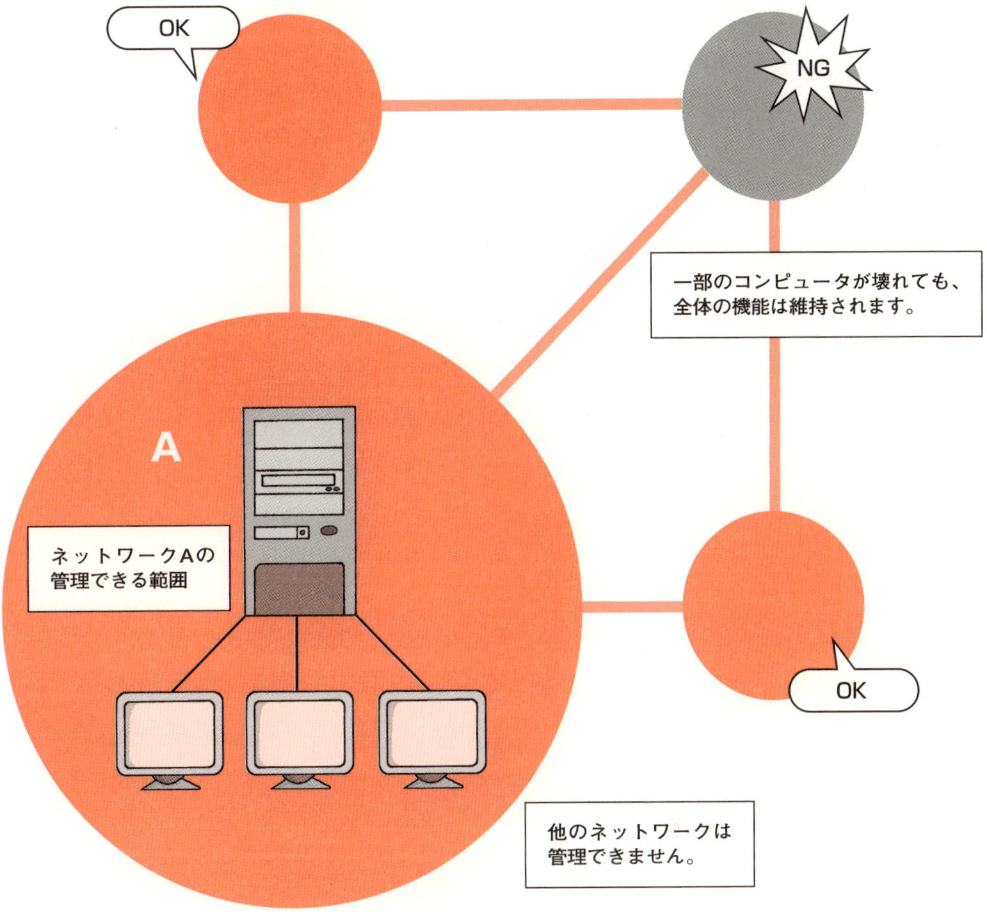

OK
NG
一部のコンピュータが壊れても、全体の機能は維持されます。
A
ネットワークAの管理できる範囲
OK
他のネットワークは管理できません。

プロトコルとは通信方式、つまりデータをやり取りする場合の決まりごとです。p.100で説明します。

インターネットへの接続

一般のユーザーは、通常プロバイダを経由してインターネットにアクセスします。

I プロバイダとは

インターネットに接続するためのサービスを提供する業者を、**インターネットサービスプロバイダ**（Internet Service Provider、ISP、プロバイダ）といいます。一般のユーザーは、プロバイダと契約することでインターネットに接続します。

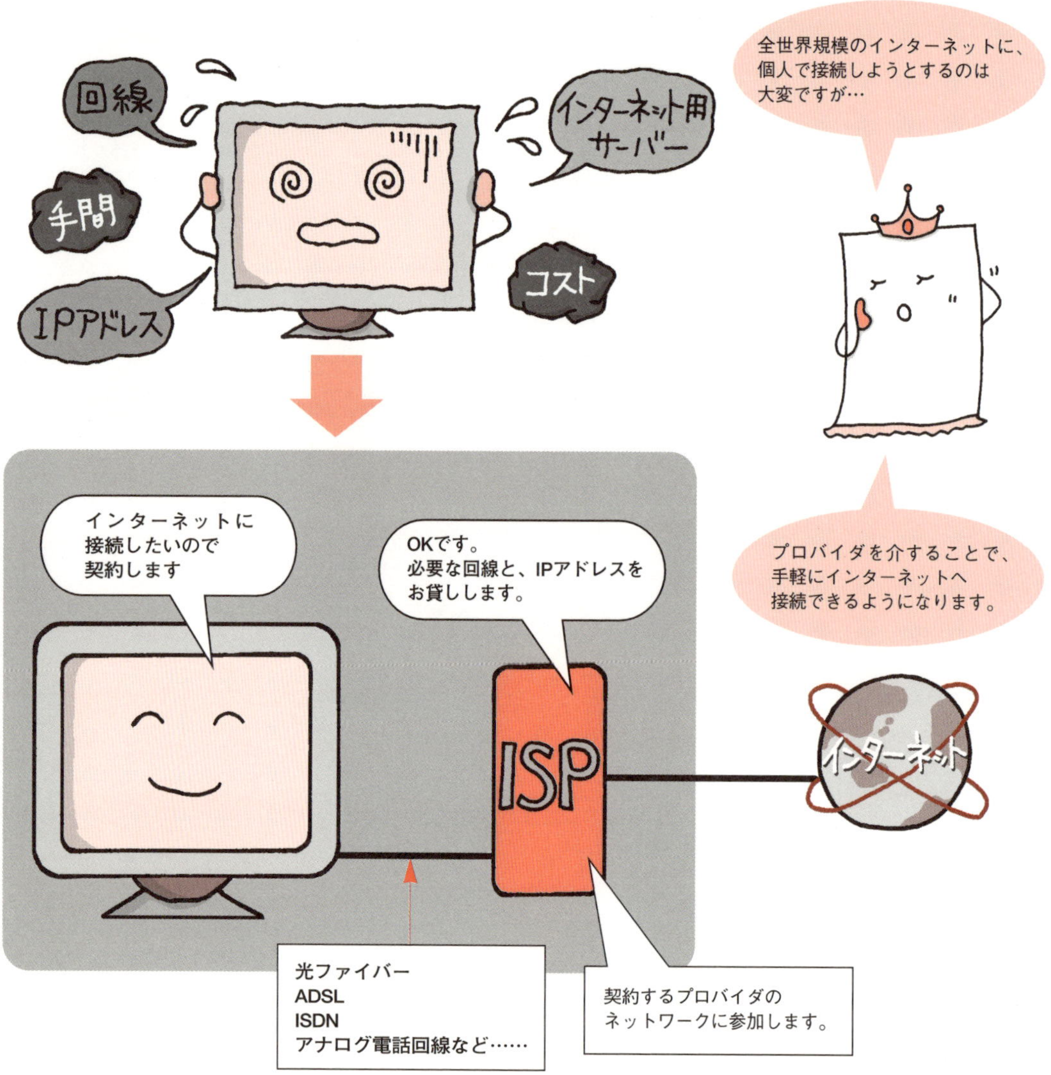

全世界規模のインターネットに、個人で接続しようとするのは大変ですが…
回線
インターネット用サーバー
手間
コスト
IPアドレス
プロバイダを介することで、手軽にインターネットへ接続できるようになります。
インターネットに接続したいので契約します
OKです。必要な回線と、IPアドレスをお貸しします。
ISP
インターネット
光ファイバー
ADSL
ISDN
アナログ電話回線など……
契約するプロバイダのネットワークに参加します。

プロバイダの役割

インターネットは全世界規模のコンピュータネットワークの集合体です。プロバイダはこのネットワークどうしを結び付ける役目を果たしています。プロバイダには1次プロバイダと2次プロバイダとがあります。

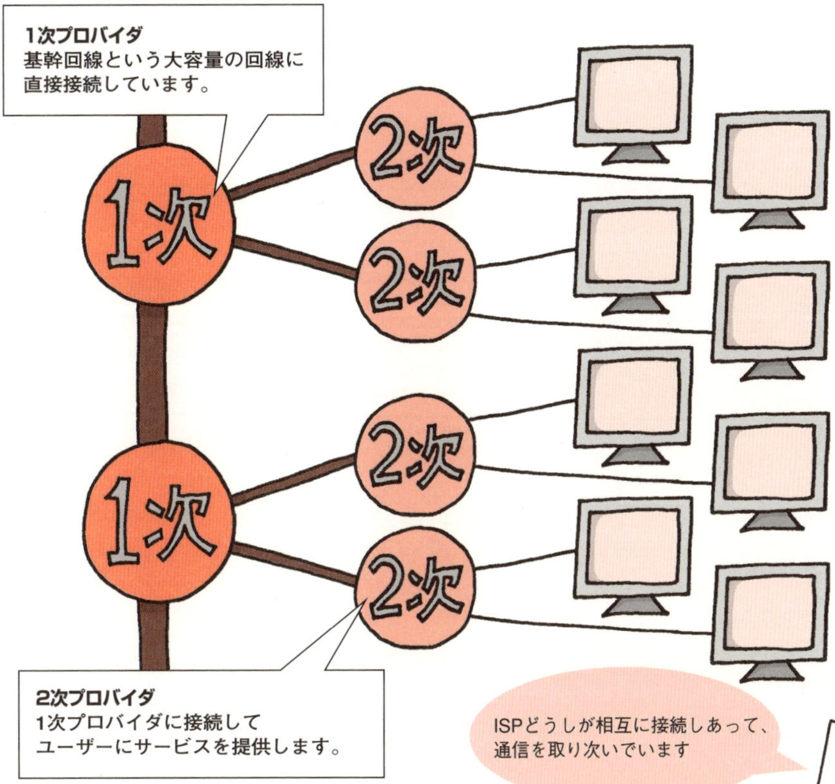
1次プロバイダ
基幹回線という大容量の回線に直接接続しています。
1次
1次
2次
2次
2次
2次
2次プロバイダ
1次プロバイダに接続してユーザーにサービスを提供します。

ISPどうしが相互に接続しあって、通信を取り次いでいます

いろいろなサービス

多くのプロバイダは、インターネット接続サービスのほかにも、さまざまなサービスを提供しています。

・電子メール

Welcome!

・Webページ公開スペース
・ブログ

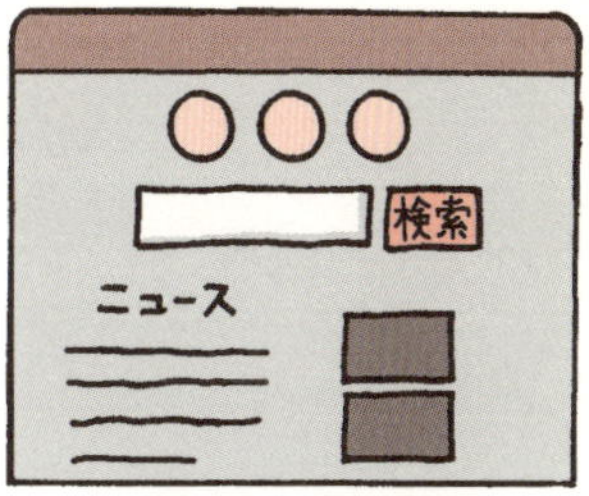
検索
ニュース

・独自のポータルサイト

通信速度と高速化

ブロードバンドの普及で高速な通信が可能になりました。では通信速度の速い、遅いとは、どういうことをいうのでしょうか。

通信速度

通信速度とは「1秒間にどれだけのデータを送信できるか」を示すもので、**bps**《ビーピーエス》という単位で表現されます。

bps…Bits Per Secondの略

※ビット（bit）とはコンピュータが扱う情報の最小単位です。1ビットで、1（オン）か0（オフ）かの2つの状態を表現します。

例：100bpsなら1秒間に100ビットのデータを送信できることになります。

高速通信の普及で次のような単位も使われます

Kbps … bpsの約千倍（キロ）
Mbps … bpsの約百万倍（メガ）
Gbps … bpsの約十億倍（ギガ）
Tbps … bpsの約一兆倍（テラ）

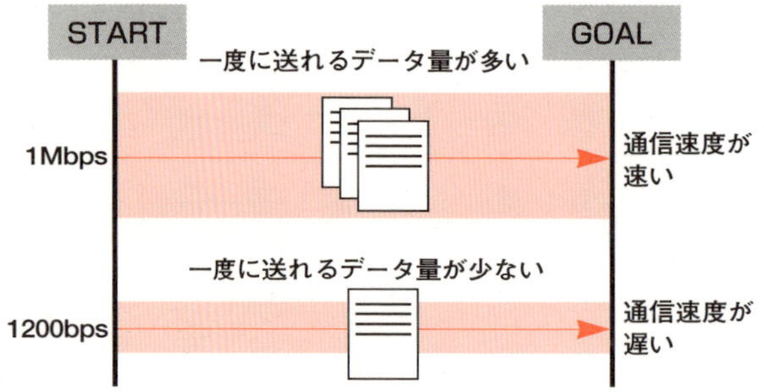
START
GOAL
一度に送れるデータ量が多い
1Mbps
通信速度が速い
一度に送れるデータ量が少ない
1200bps
通信速度が遅い

数値が大きくなるほど通信速度は速くなります。

「上り」と「下り」

通信の速度には、コンピュータからインターネットへデータが流れる「**上り**」と、その逆の「**下り**」とがあります。

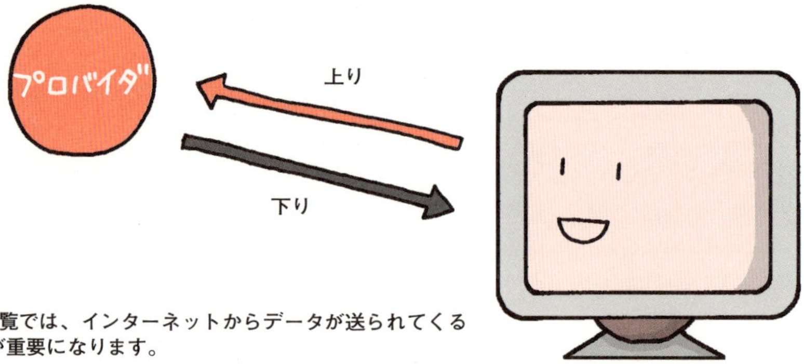
プロバイダ
上り
下り

Webページの閲覧では、インターネットからデータが送られてくる「下り」の速度が重要になります。

I 通信の高速化

»ブロードバンド

ブロードバンドとは「広帯域」（電気信号の周波数の範囲が広い）という意味ですが、一般的には「通信速度の速いインターネットへの接続方法」という意味で使われています。

大容量のデータをやり取りできるので、さまざまなことができます。
ソフトウェアのダウンロード
インターネット
音楽や映像の配信
オンラインゲーム

»ブロードバンドとナローバンド

高速なブロードバンドに対し、通信速度の遅い接続方法はナローバンド（狭帯域）と呼ばれています。ブロードバンドかナローバンドかを分ける、基準の通信速度は決まっていませんが、現在主流の分類では次の表のようになります。

ブロードバンド（1Mbps以上）	ナローバンド（128Kbps以下）
・FTTH（光ファイバー） ・ADSL ・CATVインターネット ・無線アクセス	・アナログ電話回線（ダイヤルアップ） ・ISDN

今後、より高速な通信が普及すれば、この分類も変わる可能性があります。

さまざまな接続方法（1）

インターネットへの接続方法は、おもに利用する回線の種類で分けることができます。最近は高速な回線を利用した常時接続が主流になっています。

I FTTH（光ファイバー）

通信回線として各家庭まで**光ファイバーケーブル**を敷設し、インターネットに接続するサービスを**FTTH**（Fiber To The Home）と呼びます。最も高速で安定した通信が可能です。

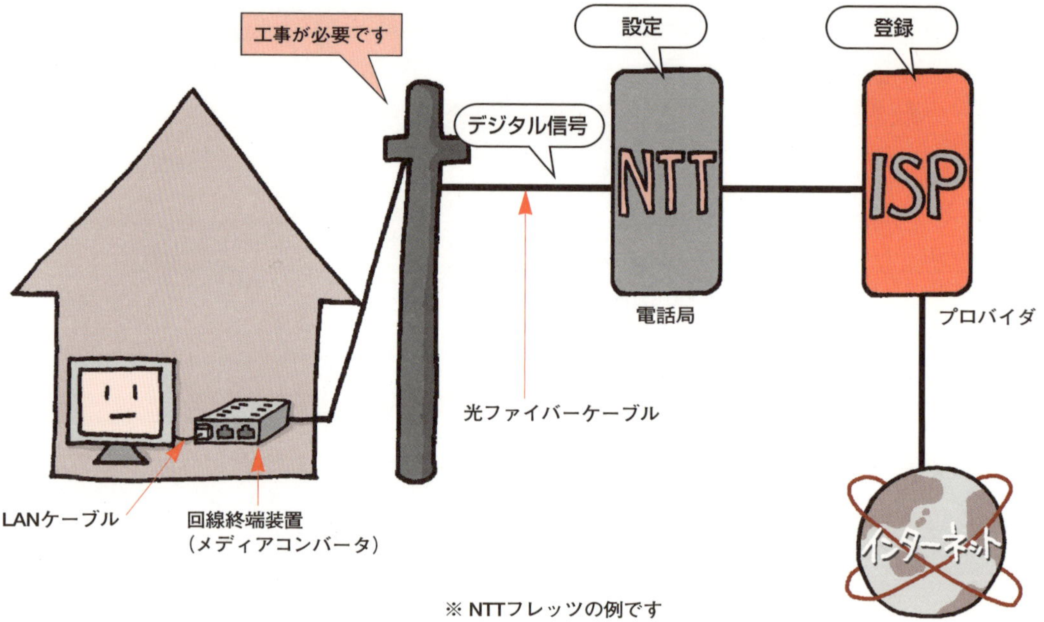

工事が必要です
デジタル信号
設定
NTT
電話局
登録
ISP
プロバイダ
光ファイバーケーブル
LANケーブル
回線終端装置
（メディアコンバータ）
インターネット

※ NTTフレッツの例です

特徴

- 非常に高速
- 長距離でも信号の劣化（減衰）が少なく、通信速度が安定している
- 電磁波などの外部からの干渉を受けにくい
- 新たに光ファイバーを敷設する必要があるため、初期費用がかかる

光ファイバーケーブルとは、ガラスやプラスチックの繊維を使用した通信ケーブルです。

I ADSL

一般的なアナログ電話回線のうち、電話には使われていない領域（高周波数帯域）を使用して通信を行います。同じアナログ電話回線を利用したダイヤルアップ接続よりも高速です。

ADSL…Asymmetric Digital Subscriber Lineの略

- **非対称** 上りよりも下りのほうが、速度が速いことを表します。
- **デジタル**
- **加入者線**

既存の電話回線を用いてデジタル通信を行う技術の総称をxDSLといいます。

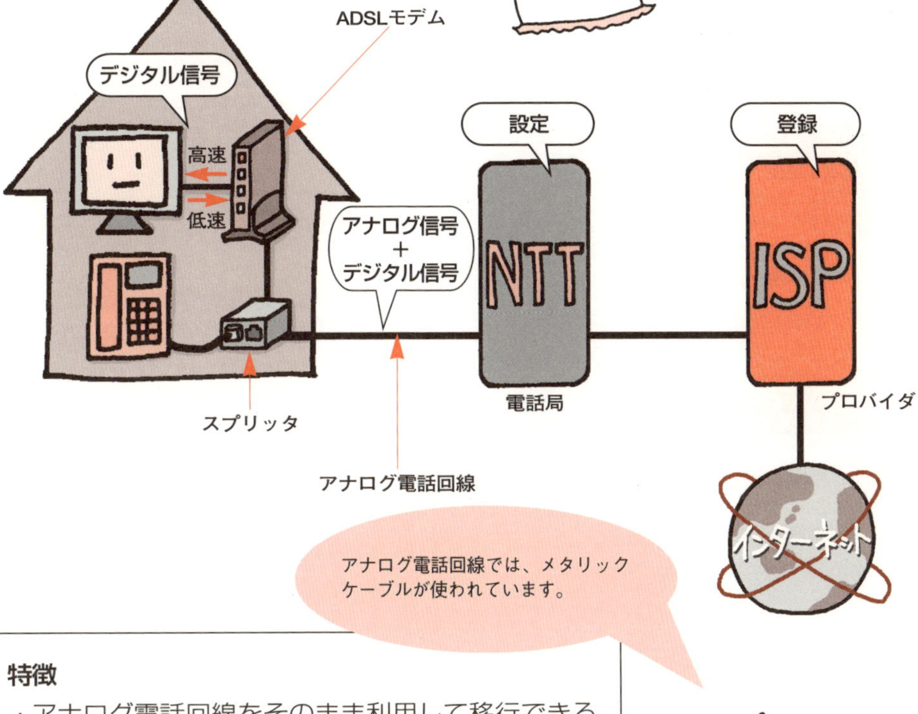
ADSLモデム
デジタル信号
高速
低速
アナログ信号
＋
デジタル信号
設定
NTT
電話局
登録
ISP
プロバイダ
スプリッタ
アナログ電話回線
インターネット

アナログ電話回線では、メタリックケーブルが使われています。

特徴

- アナログ電話回線をそのまま利用して移行できるため、手軽で初期費用も比較的安価
- 1本の回線で電話と同時に利用できる
- アナログ回線部分が長距離になると、信号の減衰で通信速度が遅くなる
- 電磁波や電圧など外部からの干渉を受けやすい

さまざまな接続方法(2)

CATVや無線を利用しても、高速な通信が行えます。なかでもCATVインターネットはFTTHやADSLが普及する以前から高速な通信を提供していました。

I CATVインターネット

CATVインターネットとは、ケーブルテレビの配信回線を利用してインターネットに接続するサービスのことです。テレビ放送のデータの送受信には使われていない領域を使用して通信を行います。

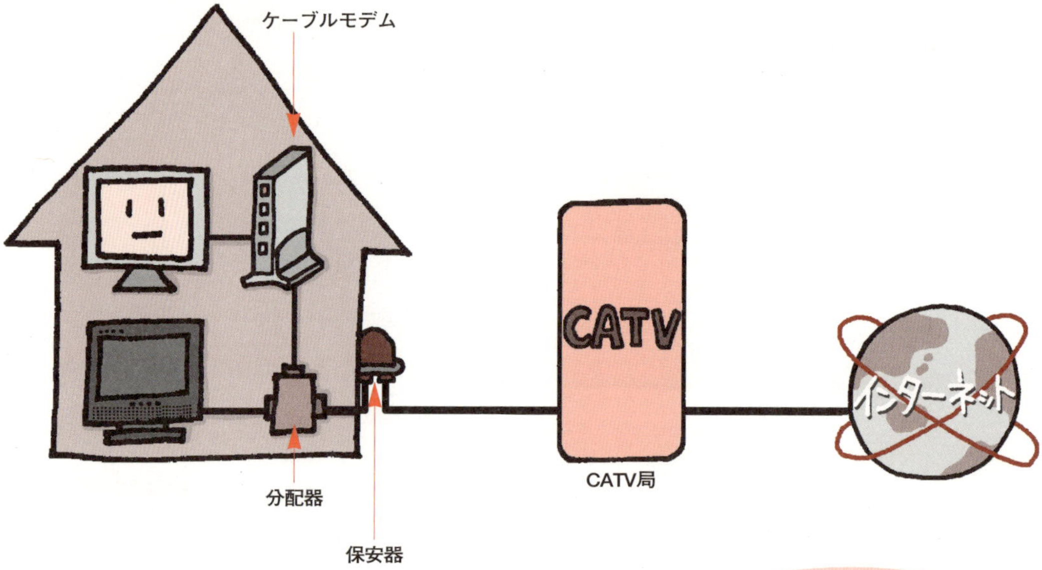
ケーブルモデム
CATV
インターネット
分配器
CATV局
保安器

特徴

- 通信が比較的安定している
- 多チャンネルのテレビやIP電話を同時に利用できる
- 新たにケーブルテレビ回線を敷設する必要があるため、初期費用がかかる
- 利用できるエリアが限定されており、選択肢も少ない

CATVでは同軸ケーブルや光ファイバーケーブルが使われています。

I 無線によるインターネット

»無線 アクセス

ビルの屋上や電柱などに無線基地局を設置し、この基地局とユーザー宅との間を無線で接続する方式です。ユーザー宅にはアンテナを設置してデータのやり取りをします。

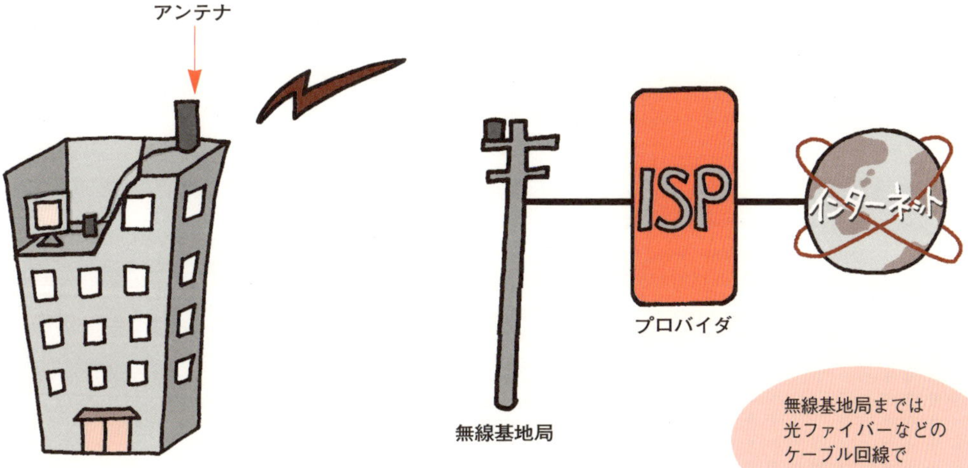

特徴

- 屋内まで光ファイバーケーブルを引き込めない建物でも利用できる
- 新たに回線を敷設する必要がないため、導入までのコストや期間を抑えられる
- 近くにビルなどの障害物があると、電波が受信できず、利用できないことがある

»無線LAN

オフィスや個人宅など屋内のネットワークでも無線が利用できます。有線LANのネットワークケーブルの部分を無線通信に置き換えたものは、**無線LAN**と呼ばれています。

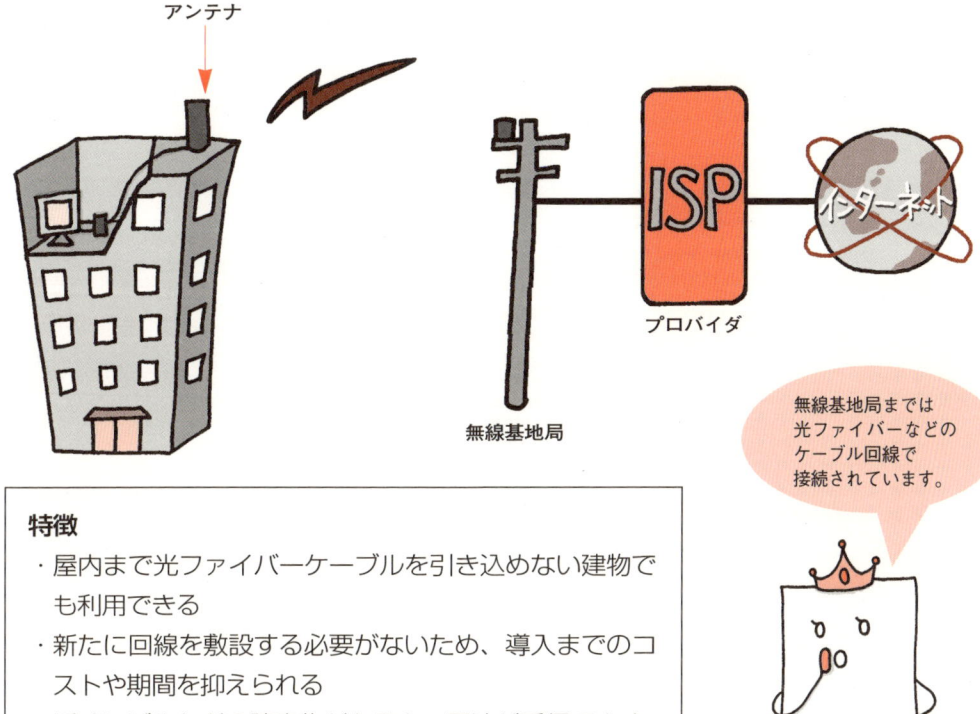

さまざまな接続方法(3)

最近のような高速通信が普及する前は、アナログ電話回線やISDNでの接続が一般的でした。

I アナログ電話回線(ダイヤルアップ)

一般的なアナログ電話回線とアナログモデムを使用して通信を行います。

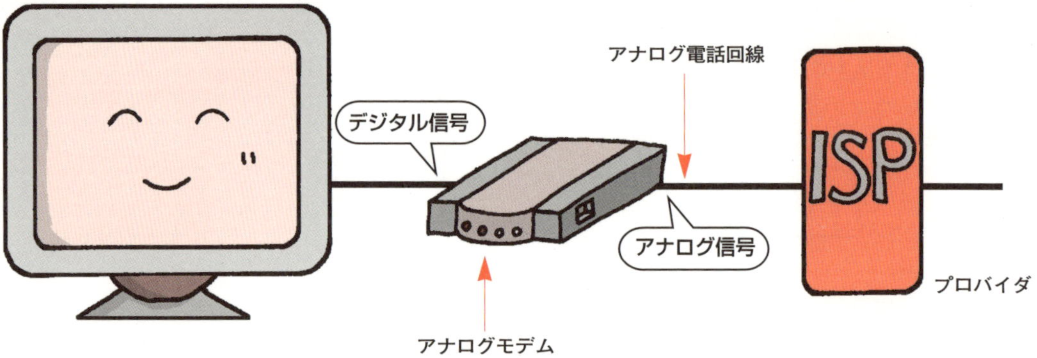
アナログ電話回線
デジタル信号
ISP
アナログ信号
プロバイダ
アナログモデム

基本的には電話会社への電話料金と、ISPへの接続料金とが必要です。

特徴

- アナログ電話回線をそのまま利用して移行できるため、手軽で初期費用も比較的安価
- 日本中ほとんどの地域で利用できる
- ブロードバンド回線に比べて低速
- 電話と併用できない

I ISDN

ISDNとは、電話やFAX、コンピュータ間の通信などさまざまな通信データを、一括してデジタル信号で送受信する電話回線網です。それまでのアナログ通信よりも、効率よくデータのやり取りが行えるよう導入されました。

ISDN…Integrated Service Digital Networkの略

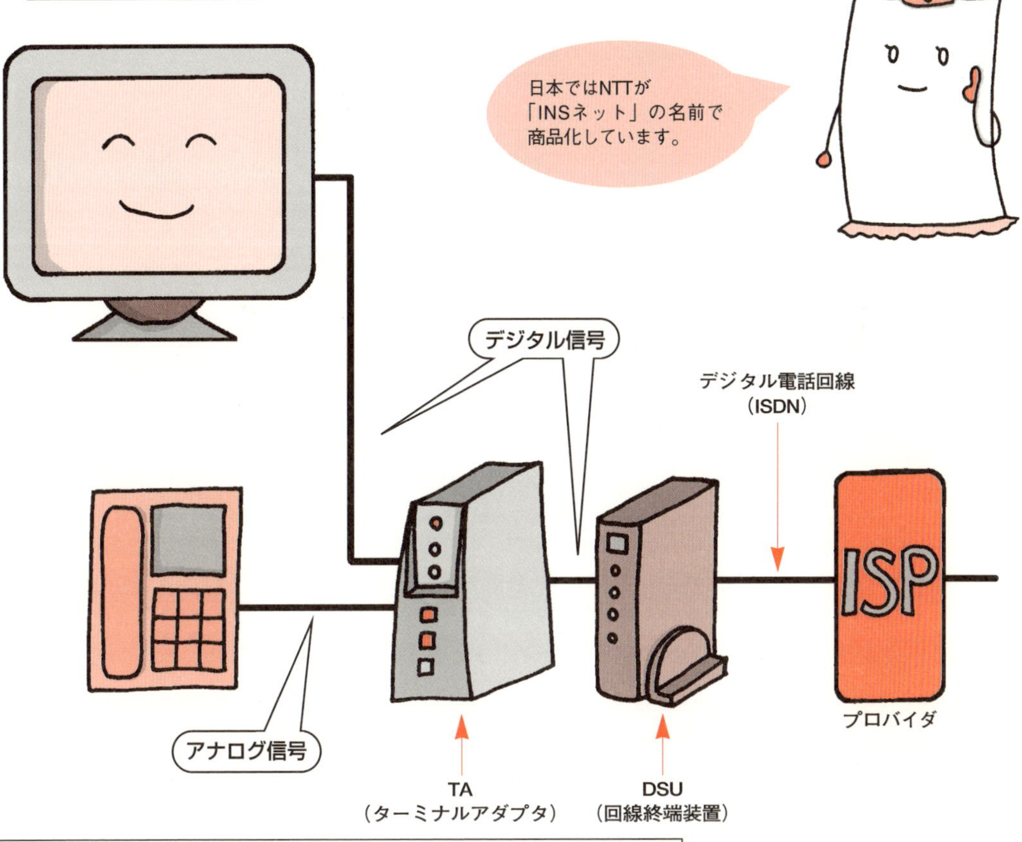

日本ではNTTが
「INSネット」の名前で
商品化しています。
デジタル信号
デジタル電話回線
（ISDN）
ISP
プロバイダ
アナログ信号
TA
（ターミナルアダプタ）
DSU
（回線終端装置）

特徴

- 長距離でも信号の劣化（減衰）が少なく、通信速度が安定している
- アナログ電話回線をそのまま利用して移行でき（INSネット64の場合）、1本の回線で電話と同時に利用できる
- 日本中ほとんどの地域で利用できる
- ブロードバンド回線に比べて低速

COLUMN

コラム

～ベストエフォート型の通信～

通信サービスは、品質や速度、セキュリティなどが保証されるかどうかで、次のタイプに分けられます。

ベストエフォート型のサービス

プロバイダの規約には、サービス内容の詳細として「上り50Mbps、下り3Mbps」「上り最大50Mbps、下り最大3Mbps」のように速度が記載されると同時に「本サービスはベストエフォート型のサービスです」という注記がされていることがあります。これはそのサービスが、最善の努力（ベストエフォート）を尽くすが、必ずしも十分な品質や速度、セキュリティなどは保証しない通信であるということを意味しています。

たとえば、ネットワークに参加するコンピュータが増え、サービスを同時に利用するユーザー数が増加すると、伝送中のデータの損失や通信速度の低下が生じます。また、NTTの局舎やCATV局からの距離、ユーザー宅内の環境等によっても実際の通信速度は変わってきます。ほかにも、サービスの質を低下させる原因は私たちの身の回りにたくさん存在します。

こうした事態に対してプロバイダ側が、「できる限りのフォローはするけれども、高品質のサービスを常に提供できるとは保証できない」とあらかじめ言っているわけなのです。規約に記載された数値はあくまでもプロバイダ側が、一定の技術や基準のもとで算出した通信速度だということに注意してください。具体的な数値が提示されていても、これはもっとも良好な状態の通信速度であり、ユーザーの環境で同等の速度が常に保証されているわけではないのです。

インターネットは、基本的にはベストエフォート型のネットワークです。

ギャランティ型のサービス

これに対し、ある一定以上の品質が常に保証されている信頼性の高い通信サービスを、ギャランティ型のサービスといいます。電話がその一例です。ギャランティ型の場合は、信頼性の高いサービスを提供するために必要な機器や人員の確保などコストがかかるため、一般的にベストエフォート型のサービスよりも高価です。

2

Webとメール

第2章は

ここがkey!

WWWとWebブラウザ

インターネットといえば、Webページの閲覧を思い浮かべる人も多いでしょう。Webページの大きな特徴は、**リンク**と呼ばれる部分をクリックすることで、次々に他のページへジャンプしていける点です。なぜこのようなことができるのでしょうか。それは、関連する情報がインターネット上のどこ（どのコンピュータ）にあるのかをリンクの部分に記述して、Webページどうしをつなげているからなのです。「どこ」を示すには、インターネット上の住所にあたる、**URL**が使われます。

このようにして作り上げられているのが、**World Wide Web**というサービスです。Webとはクモの巣のことですから、World Wide Webを直訳すると「世界に広がるクモの巣」になります。つまりこれは、インターネットという巨大なネットワークを利用して世界中の情報どうしがつながっている様子を、クモの巣にたとえて表している言葉なのです。どうですか？イメージできましたか？

Webページの閲覧には、**Webブラウザ**という専用のアプリケーションを使用します。Windowsユーザーにはなじみの深いInternet Explorer、Macユーザーによく使われているSafariをはじめ、たくさんのブラウザが開発されています。いくつか試してみて、自分が使いやすいブラウザを探してみるのもおもしろいでしょう。

メッセージやファイルを簡単に送信

電子メールサービスを利用すると、簡単にメッセージやファイルを送れます。すぐに相手の元に届く、相手の都合のよいときに読んでもらえる、内容が文字として記録される、といった便利さから、ビジネスでもプライベートでも重要な連絡手段になっています。また、複数の宛先に向けて一斉に送信できる機能を活用し、メールマガジン（メールニュース）も盛んに発行されていますね。

電子メールの宛先を**電子メールアドレス**といいます。プロバイダや会社、学校などから与えられるアドレスのほか、必要事項を登録すれば簡単に得られる無料のメールアドレスもあり、利用目的で使い分けるといったこともよく行なわれています。

メールの送受信は主に**メールソフト**と呼ばれるアプリケーションを使用しますが、Webブラウザ上で送受信が行えるサービスもあります。また、メール本文に注目すると、**テキスト形式のメール**と、**HTML形式のメール**とがあります。

第2章では、Web閲覧と電子メール、そして**ファイル転送**という、インターネットの代表的なサービスを紹介します。この章で基本を押さえましょう。

World Wide Web

インターネットといえば、Webページの閲覧です。これを実現しているサービスをWorld Wide Webといいます。

クモの巣状のネットワーク

World《ワールド》 Wide《ワイド》 Web《ウェブ》とは、インターネットで繋がったコンピュータどうしで情報を公開・共有するための手段です。WWWと略されたり、単にWebと呼ばれたりもします。

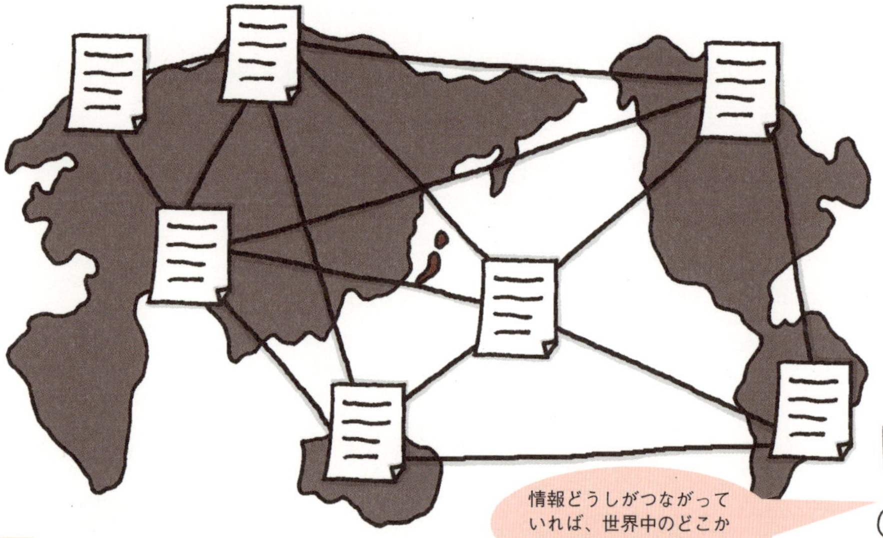

情報どうしがつながっていれば、世界中のどこからでも利用できますね。

WWWの概要

»ハイパーリンク

情報どうしを結びつけるには、情報を記述した文書の一部に別の文書の位置情報を埋め込んで、両者を関連づける**ハイパーリンク（リンク）**が使われます。このようなしくみのことを**ハイパーテキスト**といいます。

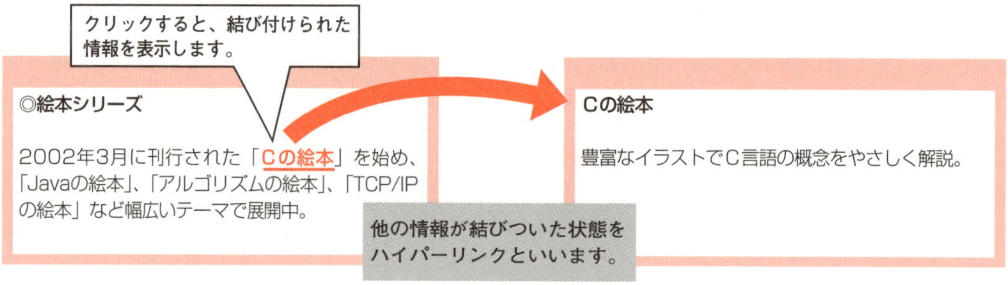
クリックすると、結び付けられた情報を表示します。
◎絵本シリーズ
2002年3月に刊行された「Cの絵本」を始め、「Javaの絵本」、「アルゴリズムの絵本」、「TCP/IPの絵本」など幅広いテーマで展開中。
他の情報が結びついた状態をハイパーリンクといいます。
Cの絵本
豊富なイラストでC言語の概念をやさしく解説。

ここで利用されるのが、ハイパーテキスト記述言語であるHTMLやXHTMLです（p.46）。

»URL

データがインターネット上のどこにあり、どのようにアクセスするのかを示すには、**URL**（Uniform《ユニフォーム》 Resource《リソース》 Locator《ロケーター》）という記述方法が使われます。これはインターネット上における「住所」にあたります。

例

```
http://www.shoeisha.co.jp:80/ehon/shiori/index.html
```

このURLは、「翔泳社のWWWサーバー内の“ehon”フォルダにある、“shiori”フォルダの中のindex.html」を示しています。

※ 詳しくは6章で説明します。

»HTTP

Web上にある情報を利用する場合は、**Webサーバー**と**Webブラウザ**との間で、情報のやり取りを行います。やり取りは、**HTTP**（Hyper《ハイパー》 Text《テキスト》 Transfer《トランスファー》 Protocol《プロトコル》）というプロトコル（通信方式）に基づいて行われます。

どうぞ。
WWWサーバー
ハイパーテキストや画像・音声ファイルなどを保管して、WWWブラウザからの要求に応じて渡します。
要求
ダウンロード
このURLにあるファイルをください。
要求
ダウンロード
WWWブラウザ
WWWサーバーからダウンロードしたファイルを表示します。
HTTPを直訳すると、「ハイパーテキストを転送するプロトコル」になります。

Webブラウザ

画像や動画、音声などに対応したおなじみのWebブラウザのほかにも、さまざまな特色をもつブラウザがあります。

I Webブラウザとは

WebサーバーからWebページのデータを受け取り、ユーザーにわかりやすい形式で表示するアプリケーション（閲覧ソフト）です。Web上のハイパーリンクをたどっていく機能を持っています。

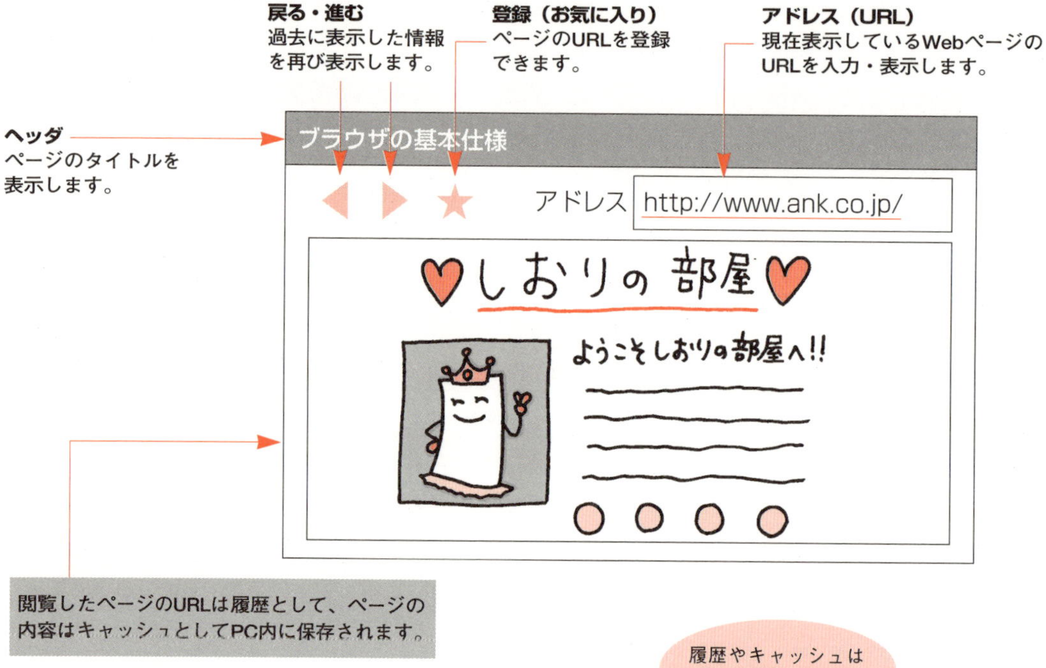

戻る・進む
過去に表示した情報を再び表示します。
登録（お気に入り）
ページのURLを登録できます。
アドレス（URL）
現在表示しているWebページのURLを入力・表示します。
ヘッダ
ページのタイトルを表示します。
ブラウザの基本仕様
アドレス
http://www.ank.co.jp/
しおりの部屋
ようこそしおりの部屋へ!!
閲覧したページのURLは履歴として、ページの内容はキャッシュとしてPC内に保存されます。

履歴
キャッシュ
履歴やキャッシュは手動で削除できます。
http://
http://
http://

I Webブラウザの種類

サーバーから取得したデータをどのようなかたちでユーザーに提供するか、という点でWebブラウザを分類すると、おもに次のタイプがあります。

≫視覚的ブラウザ

テキストだけでなく、文字の装飾や色、レイアウト、表、画像や動画、音声など、視聴覚的な内容も扱うことができます。

NewArrival
おすすめ!!
文字を装飾します
画像を表示します
文字や背景の色を指定します
表形式で表示します

≫テキストブラウザ

テキストのみを表示します。文字の装飾や色、レイアウト、表、画像や動画などは読み込まれません。一般的なWebブラウザに比べて動作は軽快です。

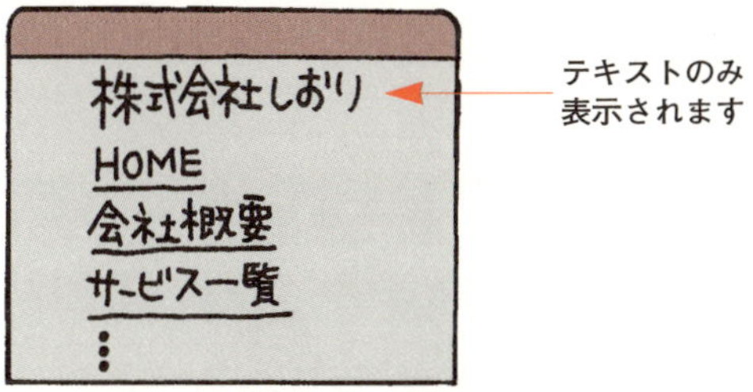

株式会社しおり
HOME
会社概要
サービス一覧
テキストのみ表示されます

≫音声ブラウザ

合成音声で内容を読み上げます。テキスト情報だけでなく、画像に設定された**代替テキスト**（画像の代わりに表示させるテキスト）も、読み上げることができます。

ようこそ!!
えほん

Webブラウザの進んだ機能

より便利に、より安全に、という目的から改良を重ね、最近のブラウザはさまざまな機能をもつようになりました。その特徴をいくつか紹介します。

I 操作性の向上

ユーザーがWeb閲覧をより速く、簡単に行えるようにする機能です。代表的な例として次のようなものがあげられます。

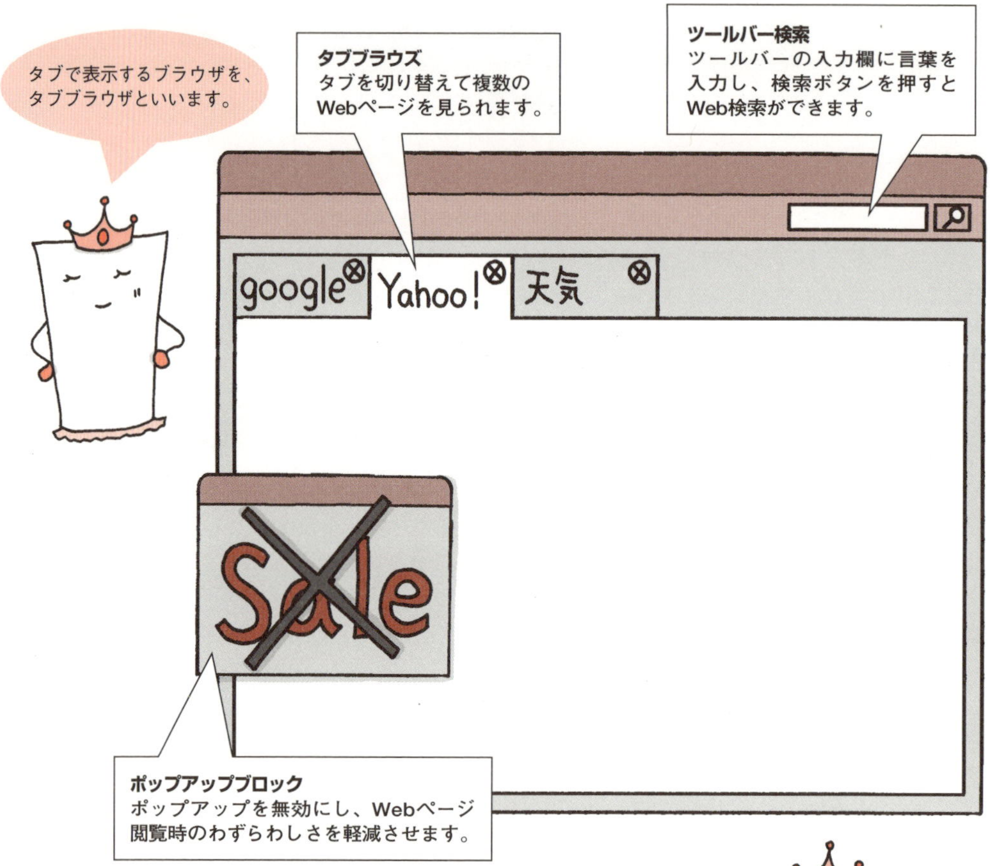

タブで表示するブラウザを、タブブラウザといいます。
タブブラウズ
タブを切り替えて複数のWebページを見られます。
ツールバー検索
ツールバーの入力欄に言葉を入力し、検索ボタンを押すとWeb検索ができます。
google
Yahoo!
天気
Sale
ポップアップブロック
ポップアップを無効にし、Webページ閲覧時のわずらわしさを軽減させます。

※ ポップアップについては5章で説明します。

悪質なポップアップのときには、セキュリティ対策にもなります。

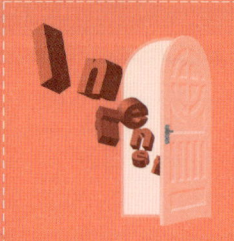

セキュリティ対策の強化

インターネット上にひそむ、さまざま危険を回避するための機能です。

フィッシング防止・マルウェア対策機能
フィッシングサイト（詐欺目的のサイト）やマルウェア（悪意のあるソフトウェア）を含むWebサイトを識別して、警告します。

クッキーや個人情報の管理
クッキー（p.56）を受け入れるかどうか、Web閲覧の履歴やキャッシュをいつ削除するか、などを設定することで、個人情報を守ります。

暗号化への対応
セキュリティプロトコルと呼ばれるSSL（p.145）やTLSに対応することで認証や通信の暗号化を行い、情報が第三者に漏れることを防ぎます。

※ このような通信を行っている場合、ブラウザによっては鍵のマークを表示したり、アドレスバーの色を変更したりします。

カスタマイズが可能

アドオン（アドイン）や**プラグイン**、**スキン**や**テーマ**などを使って、ブラウザの機能や外観をカスタマイズできます。

アドオン…機能を拡張します。
プラグイン…機能を追加します。

Googleツールバー
代表的なアドオンです

スキンやテーマでブラウザの外観を変更できます。

代表的なWebブラウザ(1)

数多くのブラウザが存在します。その中でも有名なものを紹介します。

I Internet Explorer《インターネット エクスプローラー》

Microsoft社が開発するWebブラウザです。略して「IE」とも呼ばれています。Windows OSに最初から登載されていることもあり、ユーザー数は現在トップを占めています。

Windows用

IE7からタブ機能を導入が導入されました。

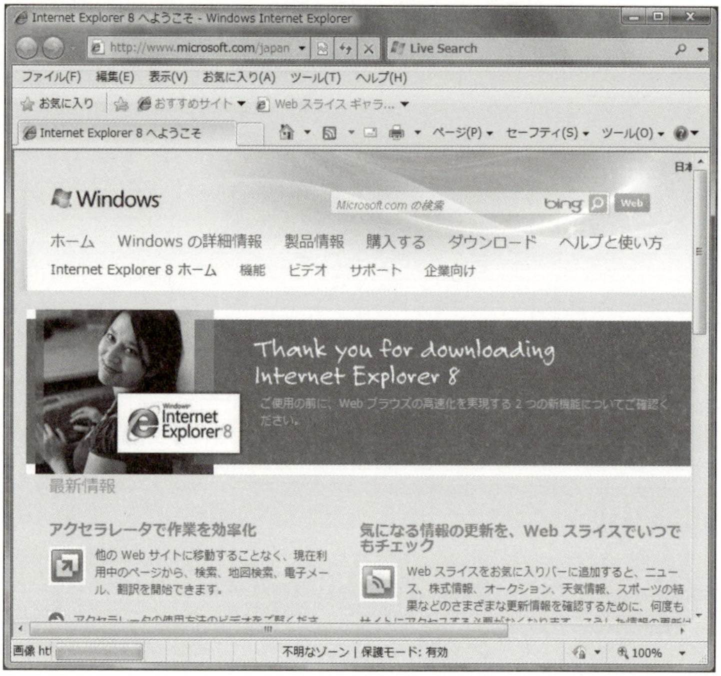

I Mozilla《モジラ》 Firefox《ファイヤーフォックス》

Mozilla Foundationが開発を行っているWebブラウザです。プログラムのソースコードが公開されています（**オープンソース**）。

Windows用

Mac OS X用

Linux用

Webで標準とされる規格（Web標準）を数多くサポートしています。

さまざまなアドオンが公開されていて、拡張性に富みます。

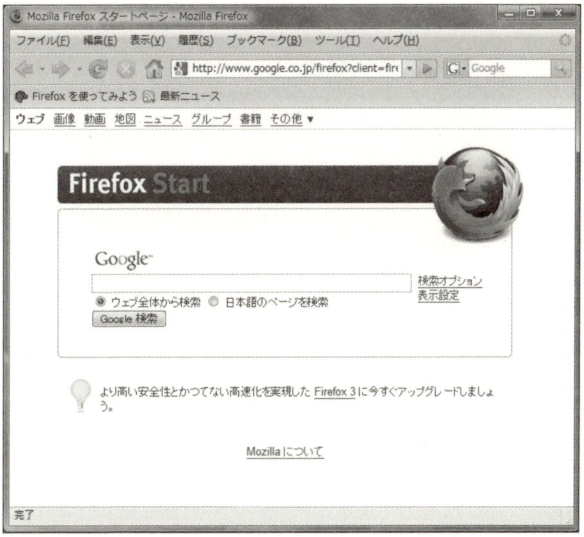

I Safari《サファリ》

Apple社によって開発が行われています。もともとはMac OS X用のブラウザでしたが、現在ではWindowsにも対応しています。

Windows用

Mac OS X用

表示の速さや描画の美しさが、セールスポイントです。

代表的なWebブラウザ(2)

ユーザー数では劣りますが、次のようなブラウザも有名です。

I Opera《オペラ》

ノルウェーのOpera Software社が開発を行っています。

Windows用

Mac OS X用

Linux用

携帯電話・ゲーム機用

メジャーなWeb標準をすべてサポートしています。

ユーザー数は少ないですが、高機能で動作も軽快です。

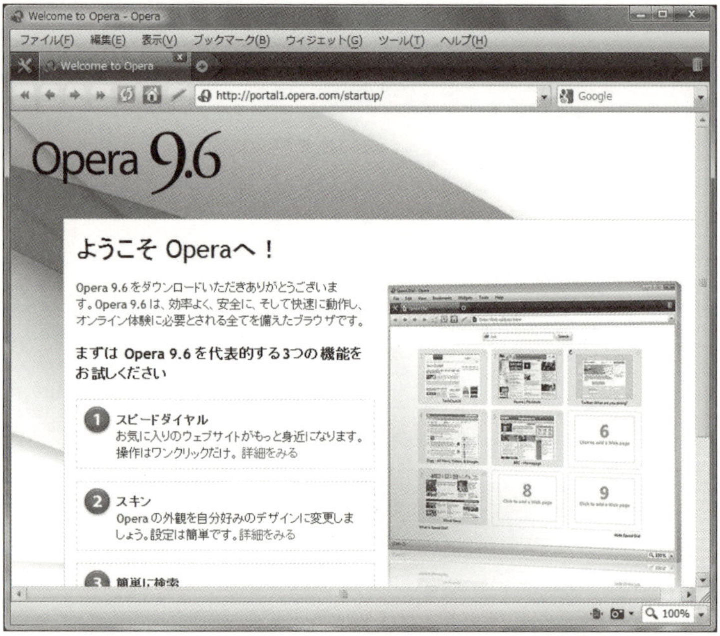

いろいろなブラウザを使い比べてみるのも、おもしろいでしょう。

I Google Chrome《グーグル クローム》

2008年12月に正式版が公開された、新しいWebブラウザです。Google社がオープンソースで開発を続けています。

Windows用

動作の軽快さ、シンプルでわかりやすい外観が特徴です。

新しいタブ
Google Chrome
リンクの変更
その他のブックマーク
よくアクセスするページ
Google Chrome
検索
最近追加したブックマーク
リンクの変更
Windows Live を入手
Windows Live Gallery
Windows Live スペース
Windows Live メール
MSN ニュース
MSN 自動車
MSN エンターテイメント
MSN スポーツ
Remove a thumbnail
全履歴を表示 »

I Netscape《ネットスケープ》

かつて、Netscape Communication社によって開発が行われていたブラウザです。インターネットの普及に大きく貢献し、1990年代半ばには、Microsoft社のInternet Explorerと激しいシェア争い（第1次ブラウザ戦争）を繰り広げました。

バージョンによって
・Netscape Navigator
・Netscape
・Netscape Browser
のように名称が変更されています

日本語版はNetscape 7.1を最後に、開発・サポートが終了しています。

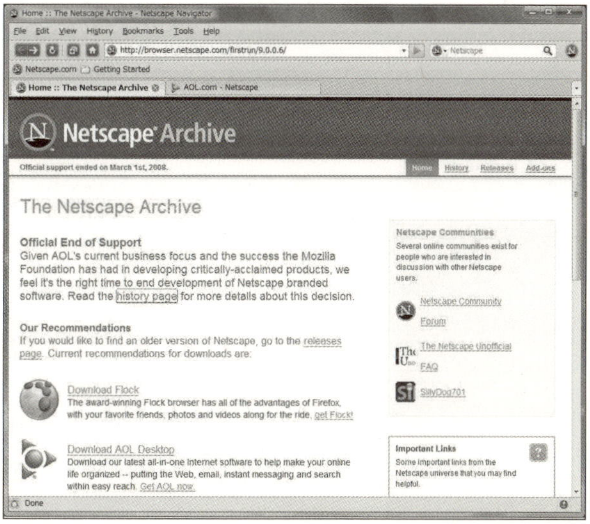

Home :: The Netscape Archive - Netscape Navigator
File Edit View History Bookmarks Tools Help
http://browser.netscape.com/firstrun/9.0.0.6/
Netscape.com Getting Started
Home :: The Netscape Archive
AOL.com - Netscape
Netscape Archive
Official support ended on March 1st, 2008.
Home History Releases Add-ons
The Netscape Archive
Official End of Support
Given AOL's current business focus and the success the Mozilla Foundation has had in developing critically-acclaimed products, we feel it's the right time to end development of Netscape branded software. Read the history page for more details about this decision.
Our Recommendations
If you would like to find an older version of Netscape, go to the releases page. Current recommendations for downloads are:
Download Flock
The award-winning Flock browser has all of the advantages of Firefox, with your favorite friends, photos and videos along for the ride, get Flock!
Download AOL Desktop
Download our latest all-in-one Internet software to help make your online life organized -- putting the Web, email, instant messaging and search within easy reach. Get AOL now.
Netscape Communities
Several online communities exist for people who are interested in discussion with other Netscape users.
Netscape Community Forum
The Netscape Unofficial FAQ
SillyDog701
Important Links
Some important links from the Netscape universe that you may find helpful.
Done

電子メール

ネットワークを郵便網に見立ててユーザーどうしがやり取りできる電子メールサービス。その便利さから大変に身近なものになっています。

I 電子メールサービス

ユーザーどうしが文字やファイルを気軽にやり取りできるサービスです。実社会の郵便システムと違うのは、やり取りがお互いのメールボックスを介して行われるところです。メールボックスの場所を表すには**メールアドレス**を使います。

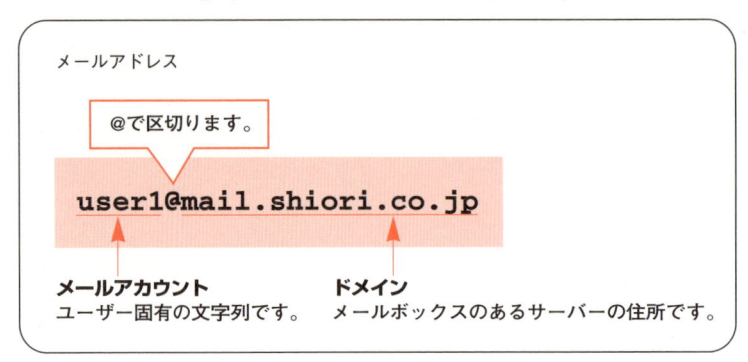

メールアドレス

@で区切ります。

user1@mail.shiori.co.jp

メールアカウント
ユーザー固有の文字列です。

ドメイン
メールボックスのあるサーバーの住所です。

user1
ありますよ。
どうぞ。
しおりです。郵便は
届いてますか？
mail.shiori.co.jp
〒
〒
自分のメールボックスを確認し、メールが
届いていたら受け取ります。

メールサーバーは郵便局、メールボックスは私書箱のようなイメージです。

※詳しくは4章で説明します。

メールソフト

電子メールサービスでは、おもに**メールソフト**と呼ばれるアプリケーションを使って、メールの送受信や保存・管理を行います。メールソフトを**メーラー**と呼ぶこともあります。

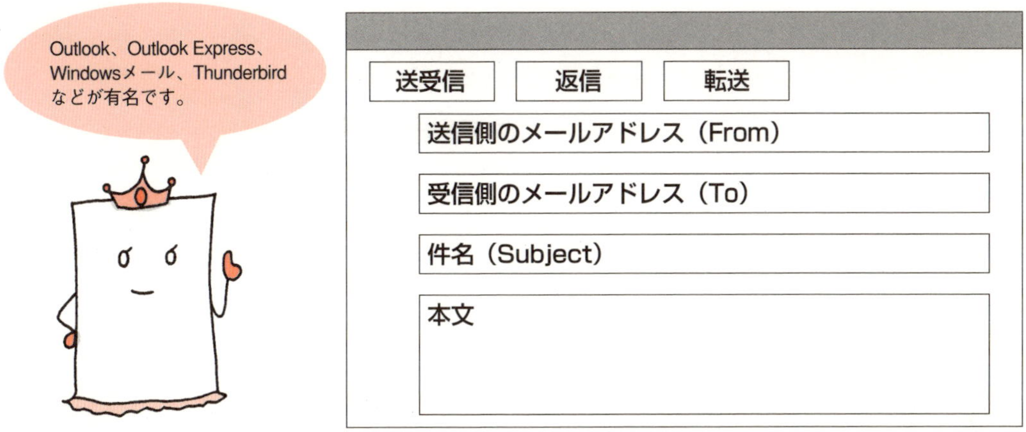
Outlook、Outlook Express、Windowsメール、Thunderbirdなどが有名です。
送受信
返信
転送
送信側のメールアドレス（From）
受信側のメールアドレス（To）
件名（Subject）
本文

メールソフトには、Webブラウザや他のソフトウェアの関連ソフトとして提供される製品と、単体で開発・提供される製品とがあります。

どんな内容が扱えるか

テキスト、ほかのアプリケーションで作成したファイル、画像、動画など、さまざまな情報が扱えます。本文にテキストで内容を記述し、それ以外のものは**添付ファイル**として送信するのが基本のスタイルです。

添付ファイル
大きさが数百KB以上になると、迷惑になる可能性があるので注意しましょう。
差出人：
宛先：
件名：
こんにちは

電子メールの分類

ひとことで電子メールといっても、性質の違いによっていくつかに分類することができます。

I 必要なアプリケーションで分類する

メールの作成や送受信にメールソフトを使用する**POPメール**と、Webブラウザを使用する**Webメール**とがあります。

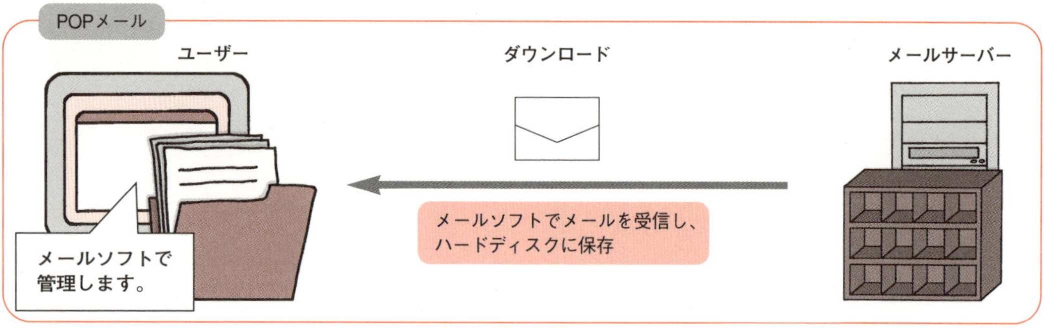
POPメール
ユーザー
ダウンロード
メールサーバー
メールソフトでメールを受信し、ハードディスクに保存
メールソフトで管理します。

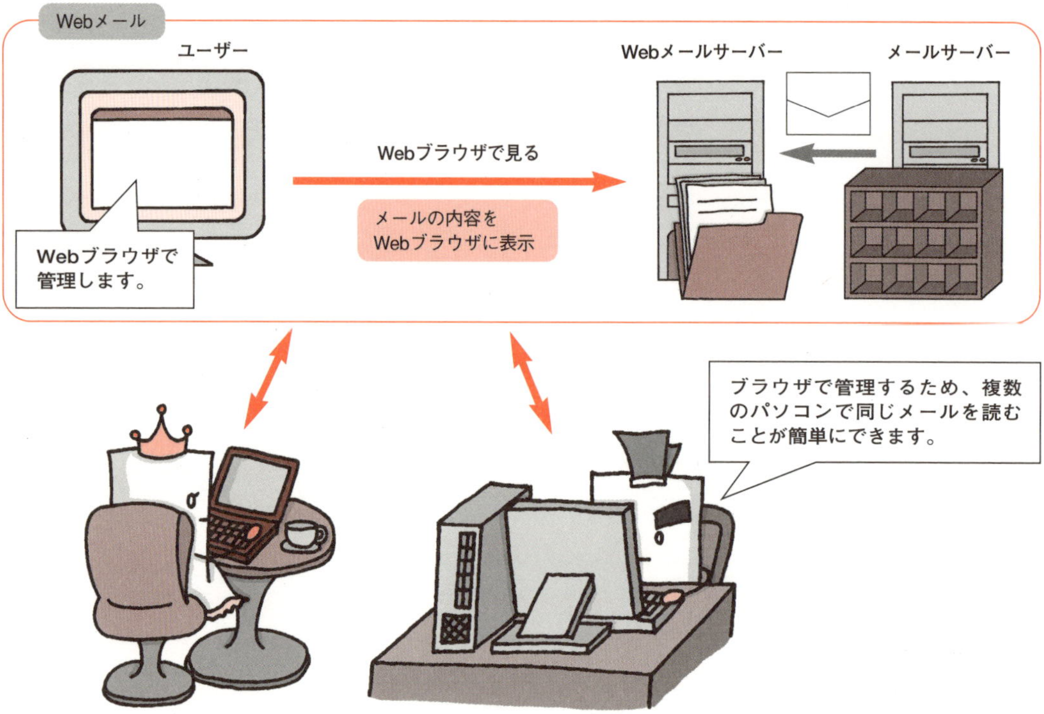
Webメール
ユーザー
Webメールサーバー
メールサーバー
Webブラウザで見る
メールの内容をWebブラウザに表示
Webブラウザで管理します。
ブラウザで管理するため、複数のパソコンで同じメールを読むことが簡単にできます。
外出先で
自宅や会社で

本文の記述方法で分類する

テキストのみで構成された**テキスト形式のメール**と、テキストの色やサイズを変更したり、画像を張り付けたりしてWebページのような表現ができる**HTML形式のメール**とがあります。

テキスト形式のメール　　　　HTML形式のメール

I have moved.
遊びに来てね！
しおり
I have moved.
遊びに来てね。
しおり

※HTML形式のメールは、相手もHTML形式のメールが表示できることを確認してから送りましょう。

メールアドレスの取得方法で分類する

プロバイダの会員になったり、企業・学校・各種団体に所属すると与えられるメールアドレスとは別に、無料で取得できるメールアドレスもあります。

ID、パスワード、個人情報
などを入力します
無料メールアドレス
ID：shiori
パスワード：****
登録
こうしたメールサービスを、
フリーメールといいます。

ファイル転送

ファイル転送はコンピュータ間で効率よくファイルをやり取りするためのサービスです。

FTPサービス

ファイル転送サービスでは、**FTPサービス**が有名です。あらかじめFTPサーバー内に転送スペースを用意して、クライアントがファイルのアップロードやダウンロードをできるようにします。

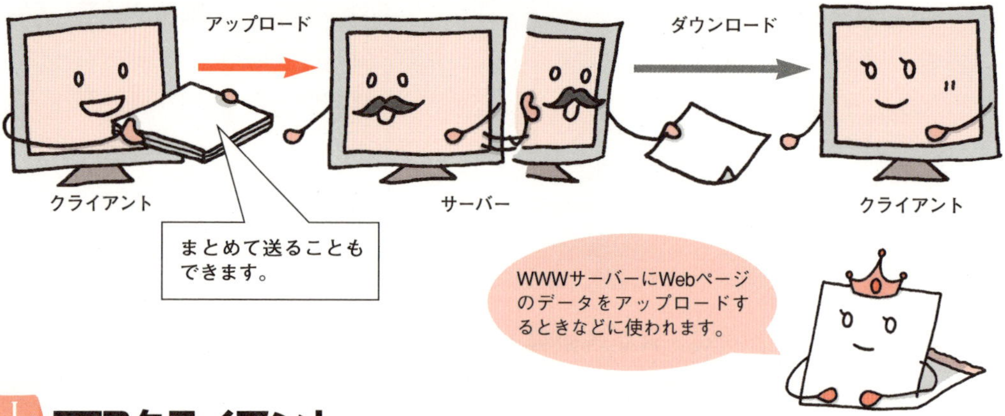

アップロード
ダウンロード
クライアント
サーバー
クライアント
まとめて送ることもできます。
WWWサーバーにWebページのデータをアップロードするときなどに使われます。

FTPクライアント

FTPサービスでクライアントとなるのは、FTP専用のアプリケーションやFTPに対応したWebブラウザなどです。

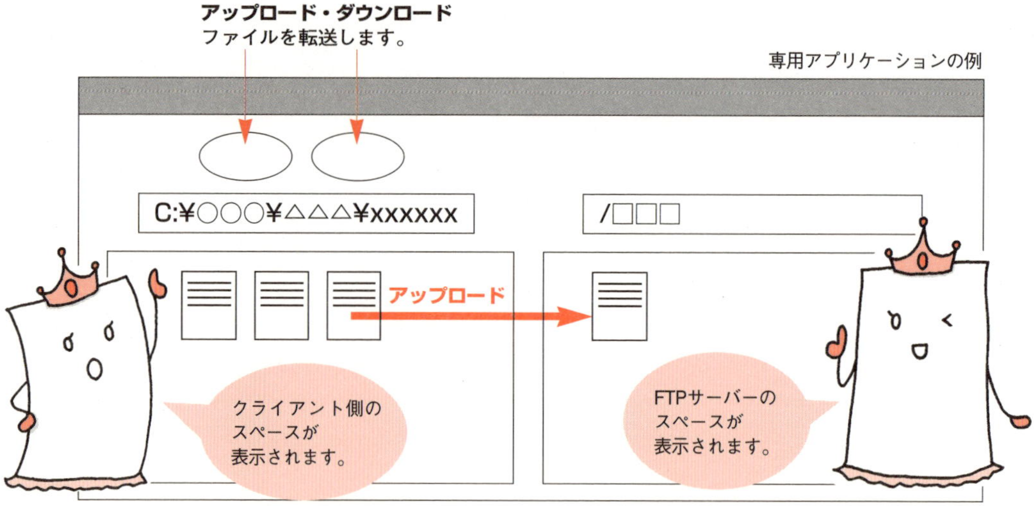

アップロード・ダウンロード
ファイルを転送します。
専用アプリケーションの例
C:¥○○○¥△△△¥xxxxxx
/□□□
アップロード
クライアント側のスペースが表示されます。
FTPサーバーのスペースが表示されます。

I FTPのしくみ

FTPサービスは、FTPサーバーとFTPクライアントのやり取りによって成り立っています。やり取りは、**FTP**（File《ファイル》 Transfer《トランスファー》 Protocol《プロトコル》）というプロトコルに基づいて行われます。

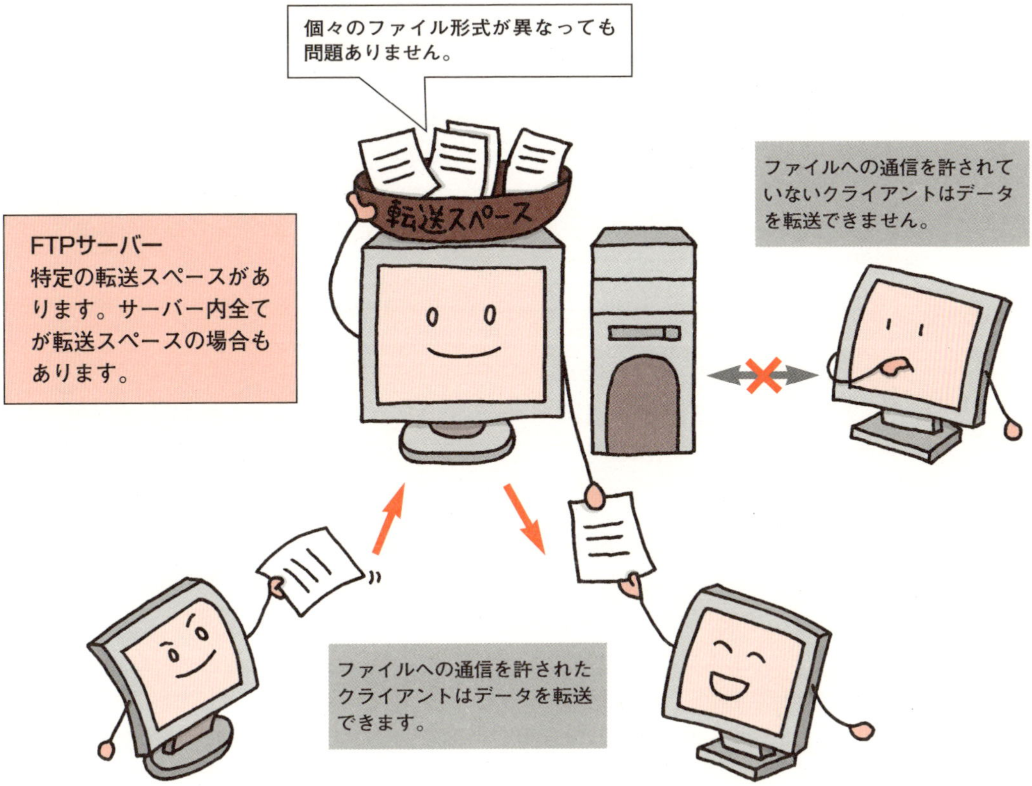
個々のファイル形式が異なっても
問題ありません。
転送スペース
ファイルへの通信を許されていないクライアントはデータを転送できません。
FTPサーバー
特定の転送スペースがあります。サーバー内全てが転送スペースの場合もあります。
ファイルへの通信を許されたクライアントはデータを転送できます。

Anonymous FTP
だれにでも転送（通常はダウンロードのみ）ができるFTPサービスをAnonymous FTPサービスといいます。Anonymousは「匿名の」という意味です。

COLUMN コラム

〜ポータルサイトと検索ロボット〜

ポータルサイトとは、Web検索機能やWebサイトへのリンク集を中心に、ニュースや天気予報をはじめとする各種の情報、フリーメール、ブログ、ショッピングほかさまざまなWebアプリケーションなど、ユーザーがインターネットで利用できる機能を総合的に、そして数多く取り揃え、無料で提供しているサイトです。ユーザーがWebにアクセスするときに、各種のサービスやコンテンツへ案内する役割を持っています。

日本のポータルサイトの一例としては、Yahoo! JAPAN、goo、livedoor、MSN JAPANなどがあります。こうしたサイトではトップページに表示するコンテンツをユーザーそれぞれがカスタマイズし、自分好みのページが作れるようなサービスも行われています。

ポータルサイトが提供する数多くのサービスの中でも、特に中心となるのがWeb検索機能です。検索エンジンとも呼ばれ、検索ロボットが集めた膨大なデータを所有し、ユーザーからの多種多様な検索要求に応じています。

検索ロボットは、検索エンジンで利用されるデータベースを作成するために、Webページの文書や画像その他コンテンツを集めてまわる自動巡回プログラムです。スパイダーやクローラともいいます。新しい文書を見つけるとデータベースに登録し、すでに集めた文書が更新されていればデータベースに登録されている情報も更新します。集めた文書が存在しなくなっていた場合は、データベースからも削除します。こうした作業を自動で繰り返し、検索エンジンのデータベースを充実させています。

検索エンジンで上位に表示されるかどうかは、顧客を増やし売り上げを伸ばしたい企業にとって重要な問題です。最近では特に大手の検索ロボットの動きを意識し、検索結果の上位に表示されるようなWebサイト作りが熱心に行われるようになっています。こうした手法をSEO（Search Engine Optimization、検索エンジン最適化）といい、SEOを専業とする業者が現れるまでになっています。

3 Webのしくみ

第3章は ここがkey！

Topics Webページを保存しているサーバー

Webサイトを閲覧する場合、WebサーバーとWebブラウザとの間で情報のやり取りが行われることは、第2章で説明しました。Webブラウザについては同じく第2章で解説しましたので、本章ではまずWebサーバーのしくみや役割をみてみましょう。

Webサーバーとは、HTML文書や画像、音声、動画などWebページ用のいろいろな情報（ファイル）を保存しているサーバーです。ApacheやIISといった**Webサーバーソフト**が稼動していて、Webブラウザからの要求があったときに必要な情報を返します。私たちがWebページを閲覧しているとき、WebブラウザとWebサーバーとの間ではこうしたやり取りが何度も繰り返されているのです。

ちなみに、Apacheは世界中で最もメジャーなフリー（無料）のWebサーバー用ソフトウェア、IIS（Internet Information Services）はMicrosoft社のWebサーバー用ソフトウェアのことです。Apacheはフリーウェアであるとともにその動作の信頼性が高いこと、IISはMicrosoft社の純正のサーバーソフトであることが特徴です。

Topics Webページの中身は？

Webブラウザに表示されるWebページは、言葉のとおり1枚のページのようですね。実際はどのようになっているか知っていますか？

Webページの基本はHTMLファイルです。**HTML**（Hyper Text Markup Language）では、タグというマークを使って「ここからここまでは見出し」「ここからここまでがひとつの段落」「ここに画像が入る」といったしるしをつけ、文書がどのような構造になっているのかを示します。文字や背景の色を変更したり、余白の大きさを指定したりするなど、Webページの装飾部分を担当するのは**CSS**（Cascading Style Sheet）の役目です。

Webページに動きをつけたいときにはどうしたらよいでしょうか。今では多くの手法がありますが、代表的なのは**JavaScript**でしょう。JavaScriptはHTMLファイル中に記述すればよく、特別なソフトウェアを必要としない手軽さがあります。Webページに動きをつけるためには、**Flash**もよく利用されます。閲覧側に再生ソフトが必要ですが、美しい動画を表現できるため人気のようです。

そして最後は**クッキー**（Cookie）を紹介します。クッキーとはWebサーバーとのやり取りで利用されるユーザー情報ですが、便利な半面セキュリティ上問題にされることもあり、比較的耳にすることの多い技術ですので、ぜひ目を通してください。

本章ではWebサーバーとのやりとりや、Webサイトで利用されている基本的な技術について見てみることにします。

Webサイト

Webサイト、ホームページ。同じように使われていますが、じつは少しずつ意味が違います。

Ⅰ Webサイトとは

いくつかのWebページを集めたものを**Webサイト**といいます。それぞれのWebページはリンクでつながっていて、行き来ができるようになっています。

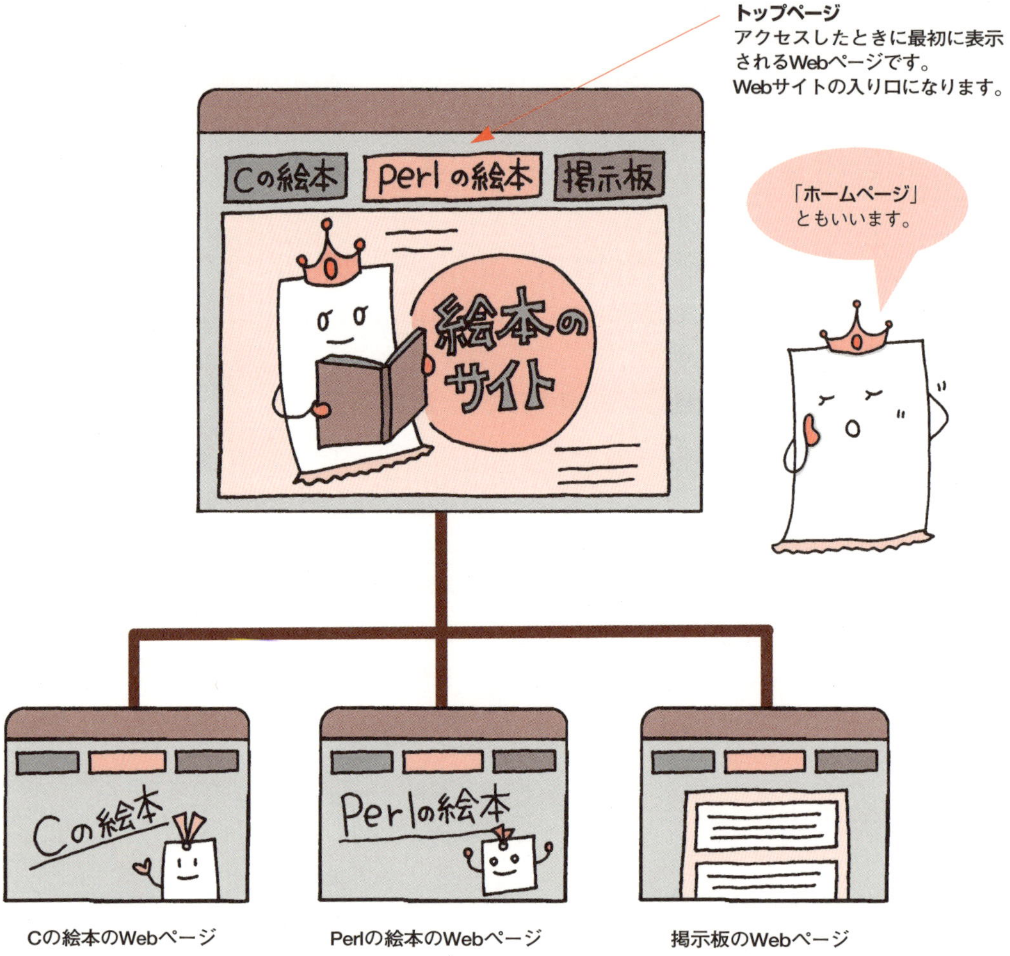
トップページ
アクセスしたときに最初に表示されるWebページです。
Webサイトの入り口になります。
Cの絵本
Perlの絵本
掲示板
絵本のサイト
「ホームページ」
ともいいます。
Cの絵本
Perlの絵本
Cの絵本のWebページ
Perlの絵本のWebページ
掲示板のWebページ

I ホームページ

ホームページという言葉には2つの意味があります。1つはWebサイトにアクセスしたときに、一番はじめに表示されるページです。

もう1つは、Webブラウザを起動したときに表示されるページです。ユーザーが好みのWebページをホームページとして設定できるようになっています。

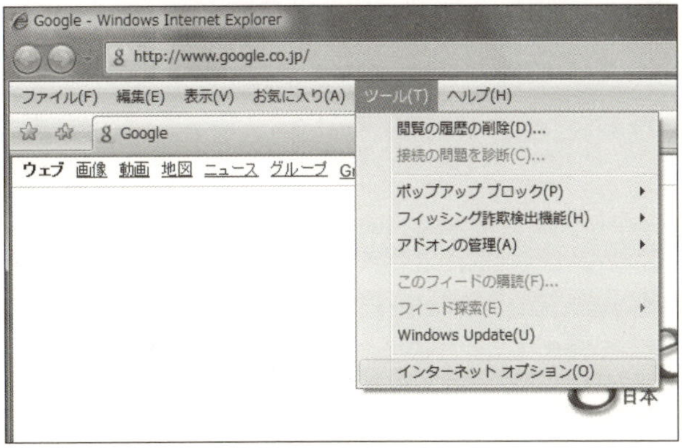

IE8の例
[ツール]-[インターネットオプション]-[全般]で確認できます。

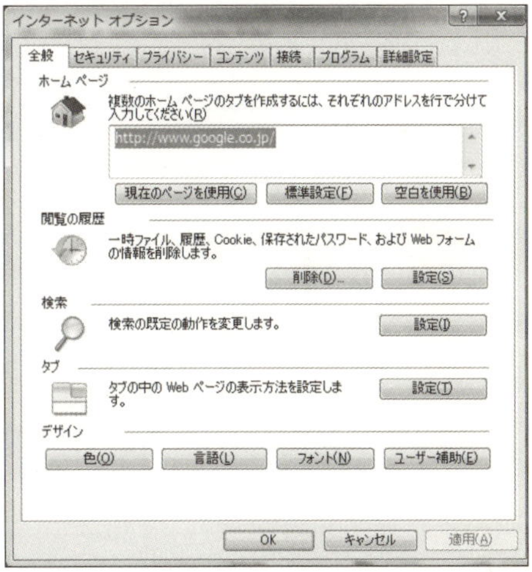

Webサーバーについて

Webページ用のさまざまなデータを蓄積しているのがWebサーバーです。

Webサーバーとは

Webサーバーとは、Web情報の発信を目的としたコンピュータです。HTML文書や画像、音声、動画などの情報を保存しておき、Webブラウザからの要求に応じて必要な情報を送信します。

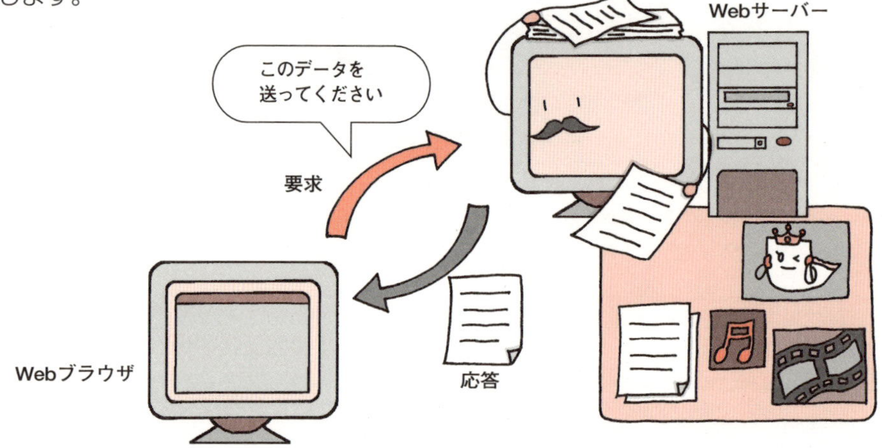
Webサーバー
このデータを
送ってください
要求
応答
Webブラウザ

Webサーバーソフト

コンピュータをWebサーバーとして利用するには、**Webサーバーソフト**とよばれる専用のソフトウェアをインストールします。Apache《アパッチ》やＩＩＳ《アイアイエス》が有名です。

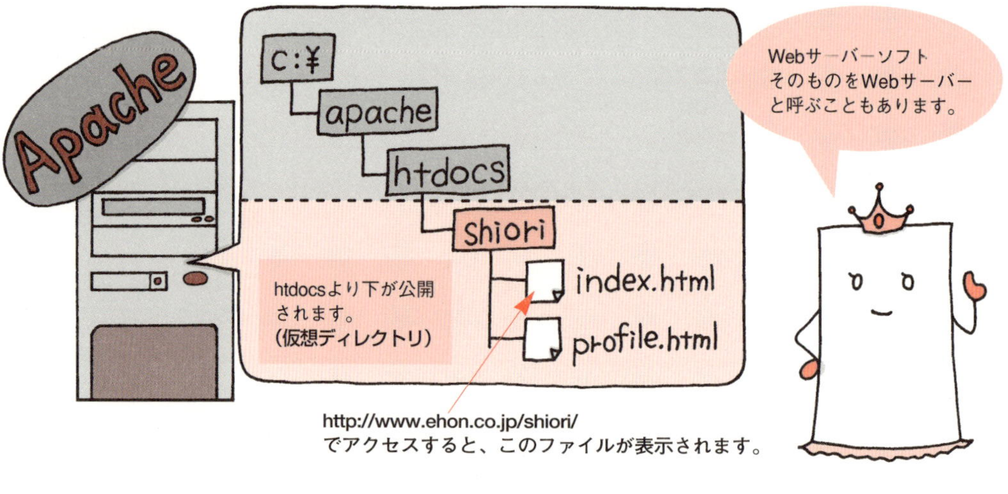
Apache
c:¥
apache
htdocs
shiori
index.html
profile.html
htdocsより下が公開
されます。
（仮想ディレクトリ）
Webサーバーソフト
そのものをWebサーバー
と呼ぶこともあります。
http://www.ehon.co.jp/shiori/
でアクセスすると、このファイルが表示されます。

I Webサーバーとのやりとり

WebサーバーとWebブラウザは、**HTTP**（Hyper《ハイパー》 Text《テキスト》 Transfer《トランスファー》 Protocol《プロトコル》）というプロトコル（通信方式）に基づいてやり取りを行います。HTTPプロトコルは１つの要求に対して１つの応答を返すという性質をもっています。

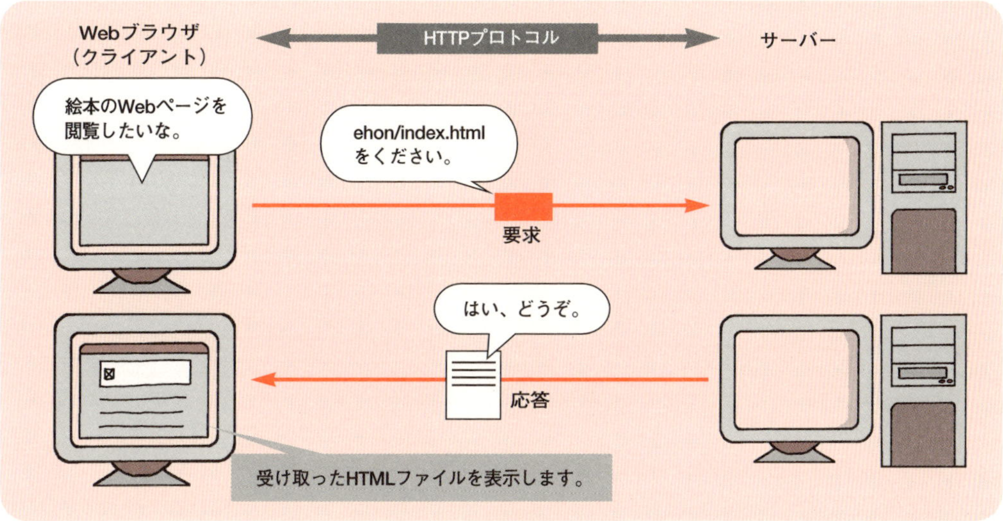
Webブラウザ
（クライアント）
HTTPプロトコル
サーバー
絵本のWebページを閲覧したいな。
ehon/index.html
をください。
要求
はい、どうぞ。
応答
受け取ったHTMLファイルを表示します。

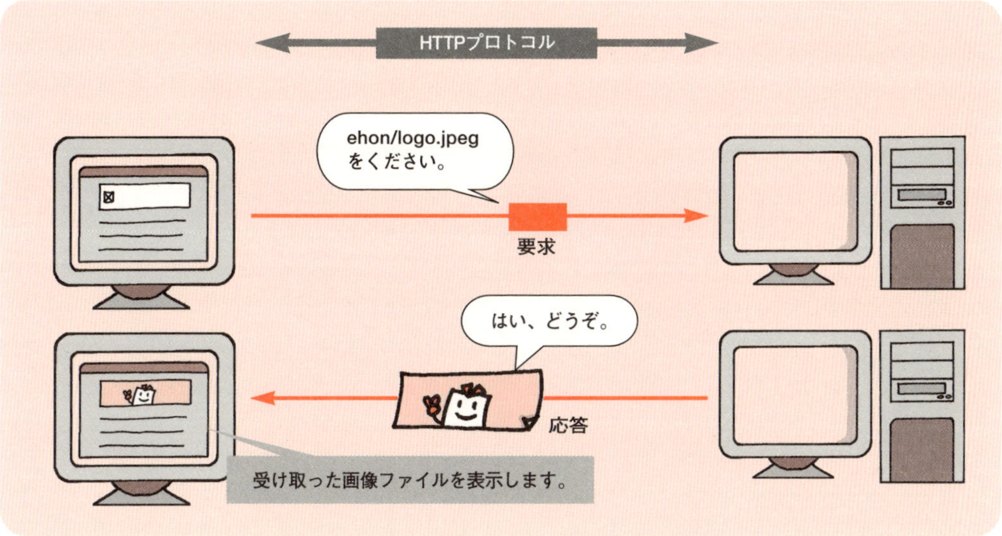
HTTPプロトコル
ehon/logo.jpeg
をください。
要求
はい、どうぞ。
応答
受け取った画像ファイルを表示します。

このようにWebページを表示するのに必要なファイルの数だけやり取りを繰り返します。

HTML/XHTML (1)

WebページはHTMLやXHTMLを使って作成されています。HTML・XHTMLではタグというものを使い、しるしをつけるように記述していくのが特徴です。

I HTMLとは

HTML（HyperText《ハイパーテキスト》 Markup《マークアップ》 Language《ランゲージ》）はWebページを記述するために開発されたコンピュータ用言語です。Webページの文書がどのような構造になっているのかを、**タグ**と呼ばれるマークを付けて示す性質を持っています。

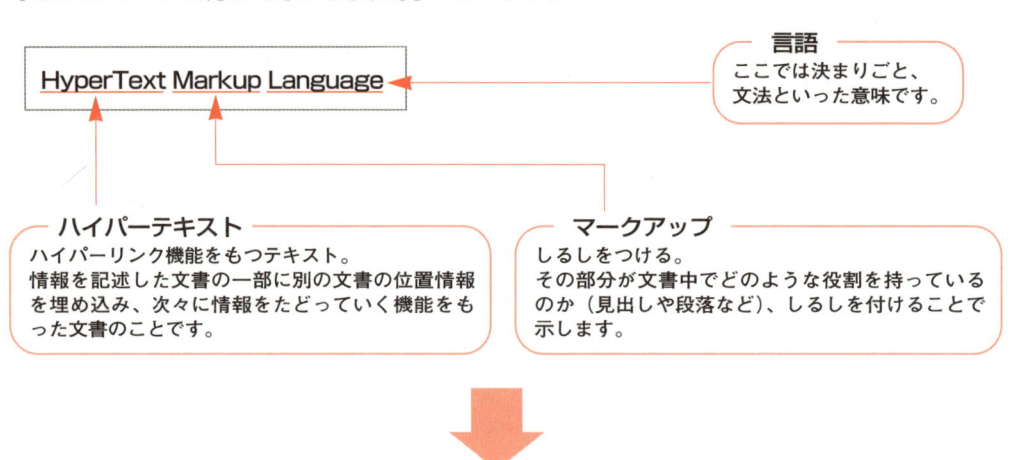

HyperText Markup Language

言語
ここでは決まりごと、文法といった意味です。

ハイパーテキスト
ハイパーリンク機能をもつテキスト。
情報を記述した文書の一部に別の文書の位置情報を埋め込み、次々に情報をたどっていく機能をもった文書のことです。

マークアップ
しるしをつける。
その部分が文書中でどのような役割を持っているのか（見出しや段落など）、しるしを付けることで示します。

すこし難しく表現すると「ハイパーテキスト文書の文書構造がどのようになっているのかを定義する言語」という意味になります。

見出し <h1>
</h1>
第1章 HTML
段落 <p>
</p>
タグには「開始タグ」と「終了タグ」というものがあります。
属性は性質や役割などを表示します。
改行
リンク <a>
つづきは次のページで。
GO
</a>
画像 <img>

基本の書式

HTMLの基本的な書式は次のようになります。
この例では「アンクWEBサイト」というテキストに、<a>タグ（a要素）でアンクのWebサイトへのリンクを設定しています。

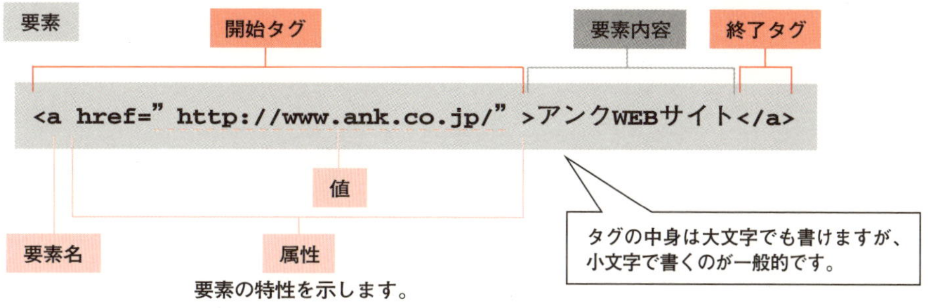
要素
開始タグ
要素内容
終了タグ
<a href="http://www.ank.co.jp/">アンクWEBサイト</a>
値
要素名
属性
要素の特性を示します。
タグの中身は大文字でも書けますが、小文字で書くのが一般的です。

≫終了タグの無いタグ

改行（
）や画像（<img>）の指定などいくつかのタグは、要素内容をもたないため終了タグがありません（**空要素**）。
この例では、「ank_logo.jpeg」という画像ファイルを挿入するよう指定しています。

```
<img src="ank_logo.jpeg">
```

終了タグがありません。

XHTMLとは

XHTML（**E**xtensible《エクステンシブル》 **H**yper**T**ext《ハイパーテキスト》 **M**arkup《マークアップ》 **L**anguage《ランゲージ》、）は、HTMLを**XML**（Extensible Markup Language、拡張可能なマークアップ言語）の文法に基づいて書きなおしたマークアップ言語です。HTMLの代わりに利用されます。

XMLで記述した情報は、幅広く活用できるんだよ。
XML
XMLの長所を取り入れよう。
HTML
XHTML
HTMLと似ていますが、HTMLよりも文法が厳密になっています。

HTML/XHTML(2)

私たちがWebページとして見ているHTML文書はどのような内容になっているのでしょうか。

Ⅰ HTML文書の構造

HTML文書では、文書全体を一つの大きな要素（html要素）としてとらえ、その中にヘッダ部分（head要素）と本体部分（body要素）があるという構造になっています。

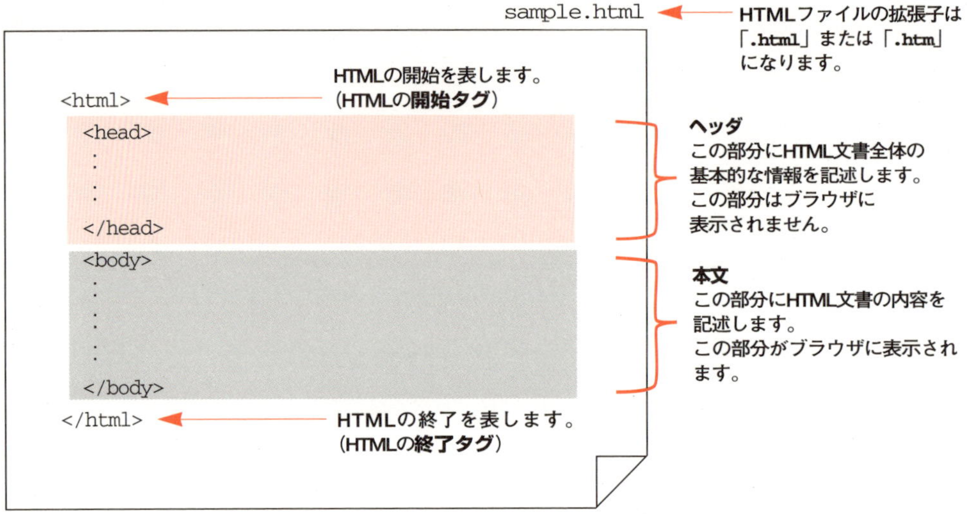

sample.html
HTMLファイルの拡張子は「.html」または「.htm」になります。
<html>
HTMLの開始を表します。（HTMLの開始タグ）
<head>
:
:
</head>
ヘッダ
この部分にHTML文書全体の基本的な情報を記述します。この部分はブラウザに表示されません。
<body>
:
:
:
</body>
本文
この部分にHTML文書の内容を記述します。この部分がブラウザに表示されます。
</html>
HTMLの終了を表します。（HTMLの終了タグ）

≫テキスト形式

HTML文書はテキスト形式のファイルになっているため、一般のテキストエディタ（Windows付属の「メモ帳」など）で作成することができます。

テキスト形式であれば表示するコンピュータ環境を選びません。

サーバー側にあるehon.html

例

```
<html>
<head>
<meta http-equiv="Content-Type"
      content="text/html;charset=Shift_JIS">
<title>絵本シリーズ紹介</title>
</head>
<body>
<h1>絵本シリーズについて</h1>
<p>2002年3月に<a href="http:// www.shoeisha.co.jp/">翔泳社</a>
から「Cの絵本」が出版されて人気に。<br>
その後現在まで幅広いテーマで展開中。</p>
<h2>しおりちゃんとは</h2>
<p><img src="shiori.jpg" alt="しおりちゃん"><br>
絵本シリーズで案内役をつとめるマスコットキャラクター。</p>
</body>
</html>
```

文書のMIMEタイプ（text/html）と**文字コード**（ここではShift_JIS）を指定します。

文書の**タイトル**を記述します。

レベル1の**見出し**

レベル2の**見出し**

<p>〜</p>
段落を設定します

ブラウザで表示した結果

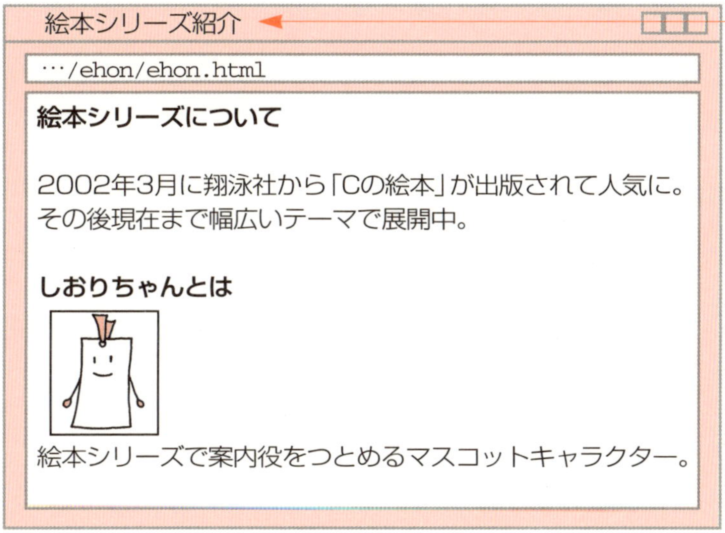

絵本シリーズ紹介
…/ehon/ehon.html
絵本シリーズについて
2002年3月に翔泳社から「Cの絵本」が出版されて人気に。
その後現在まで幅広いテーマで展開中。
しおりちゃんとは
絵本シリーズで案内役をつとめるマスコットキャラクター。

<title>タグと</title>タグに挟まれた内容が、ブラウザのタイトルバーに表示されます。

ブラウザ上からもソースが見られます。IE8では[ページ] - [ソースの表示]を選択してください。

CSS

現在では、Webページの装飾的な設定にはCSSを使い、HTMLとはなるべく分けて記述するのが標準的な手法です。

CSSとは

HTML文書にフォントやレイアウトなどのスタイルを指定し、装飾を行うしくみをスタイルシートといいます。スタイルシートの代表的なものが **CSS(Cascading《カスケーディング》 Style《スタイル》 Sheets《シート》)** です。

CSSを使うメリット

HTMLでもレイアウトやフォントの指定など装飾的な指定を行うことができます。しかし文書中にコンテンツと装飾の指定が混在しているとソースが複雑になり、メンテナンスにも手間がかかります。こうした問題を解消するため、CSSが導入されました。

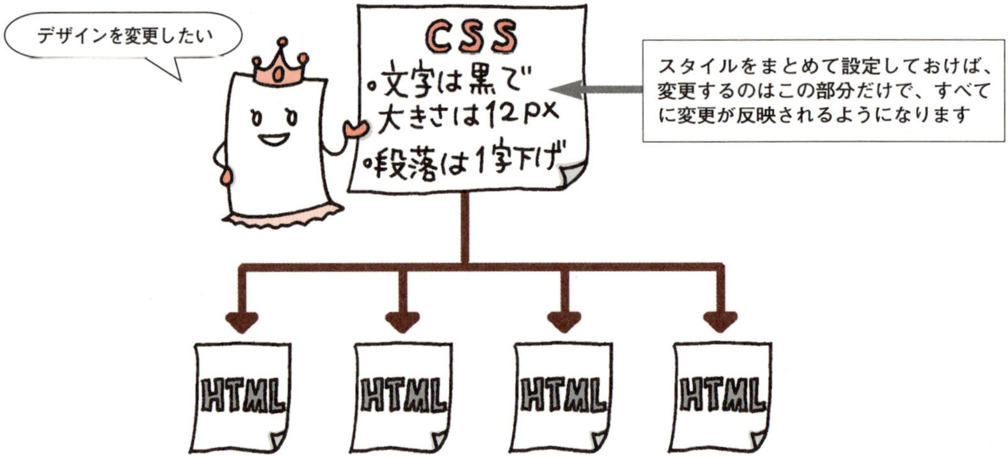

基本の書式

CSSでは次のように { と } の中にスタイルを記述します。

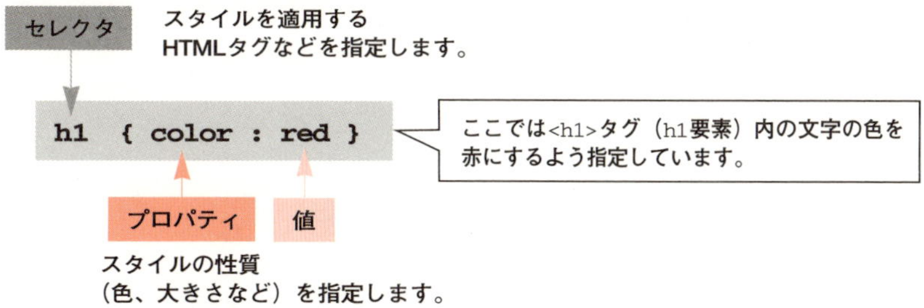

セレクタ
スタイルを適用する
HTMLタグなどを指定します。
h1 { color : red }
ここでは<h1>タグ（h1要素）内の文字の色を
赤にするよう指定しています。
プロパティ
値
スタイルの性質
（色、大きさなど）を指定します。

スタイルの適用方法と優先順位

CSSを適用するには、おもに次の方法があります。

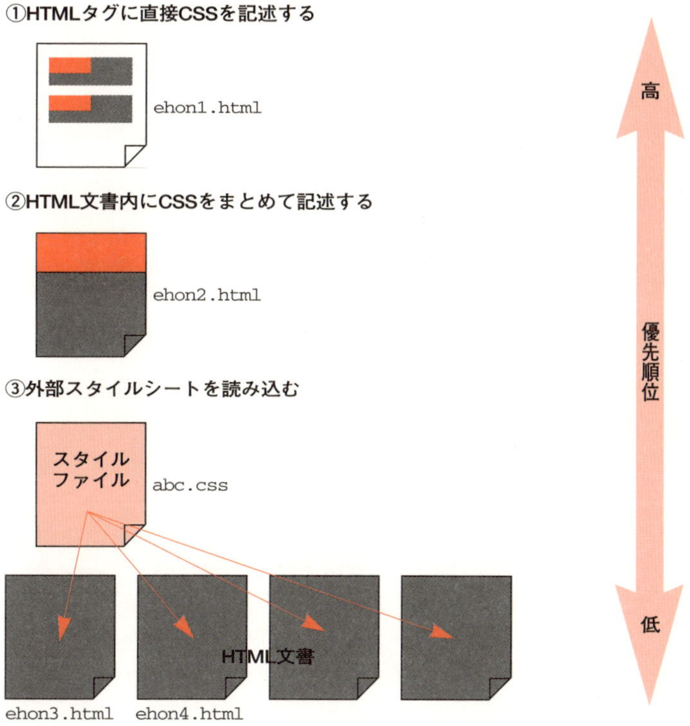

①HTMLタグに直接CSSを記述する
ehon1.html
②HTML文書内にCSSをまとめて記述する
ehon2.html
③外部スタイルシートを読み込む
スタイル
ファイル
abc.css
HTML文書
ehon3.html
ehon4.html
高
優先順位
低

CSSを利用する状況に
応じて使い分けられる
ようになっています。

》優先順位

CSSの適用方法では、優先順位が決まっています。また、後から読み込まれたスタイルは、先に設定されていたスタイルを上書きします。

JavaScript

JavaScriptを使うと、Webブラウザのもつ機能を操作し、Webページにいろいろな動作をつけることができます。

I JavaScriptとは

JavaScriptは、おもにWebブラウザやその中のドキュメントを操作するために作られた**スクリプト言語（簡易プログラミング言語）**です。たとえば次のようなことができます。

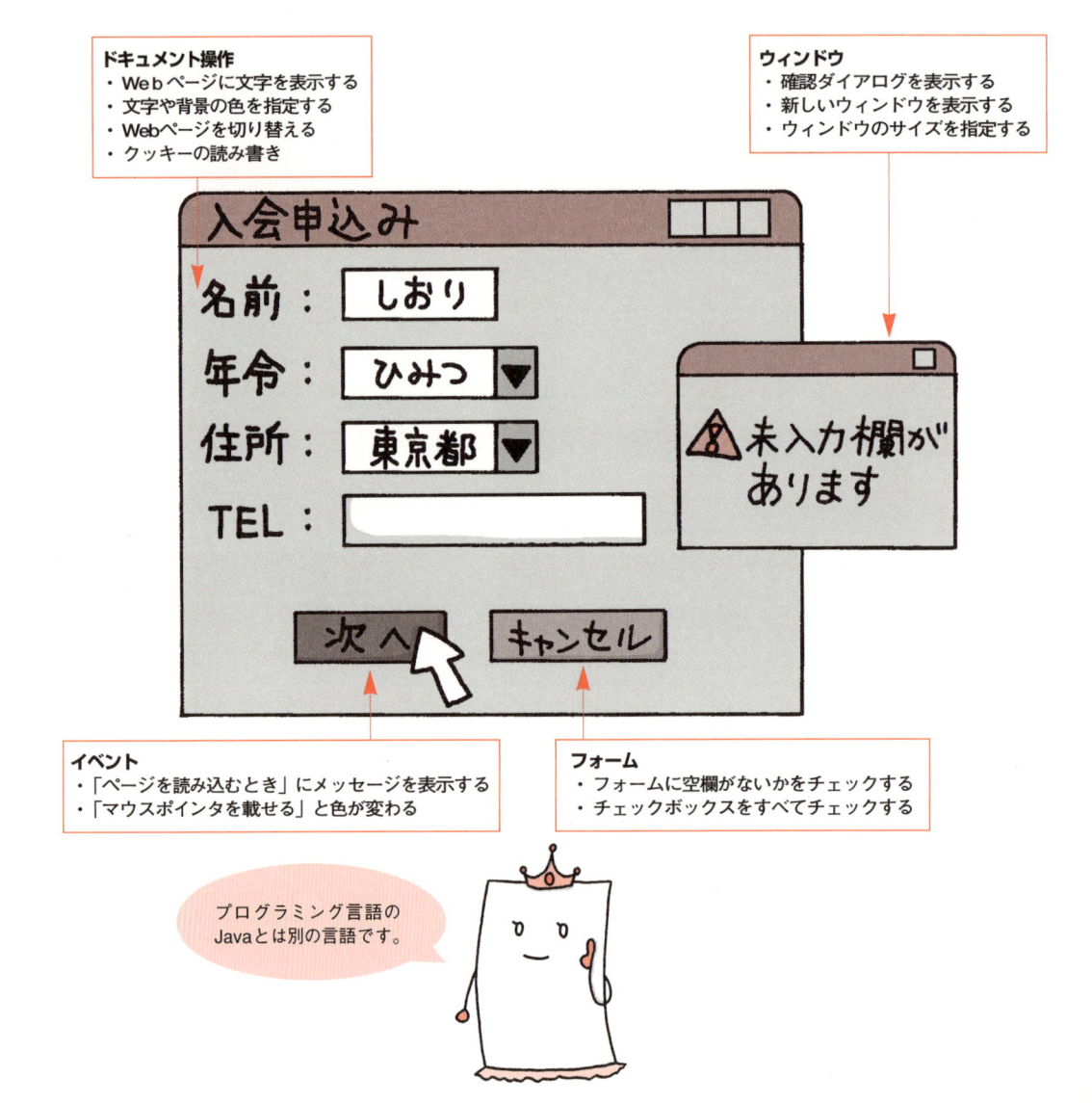

ドキュメント操作
・Webページに文字を表示する
・文字や背景の色を指定する
・Webページを切り替える
・クッキーの読み書き

ウィンドウ
・確認ダイアログを表示する
・新しいウィンドウを表示する
・ウィンドウのサイズを指定する

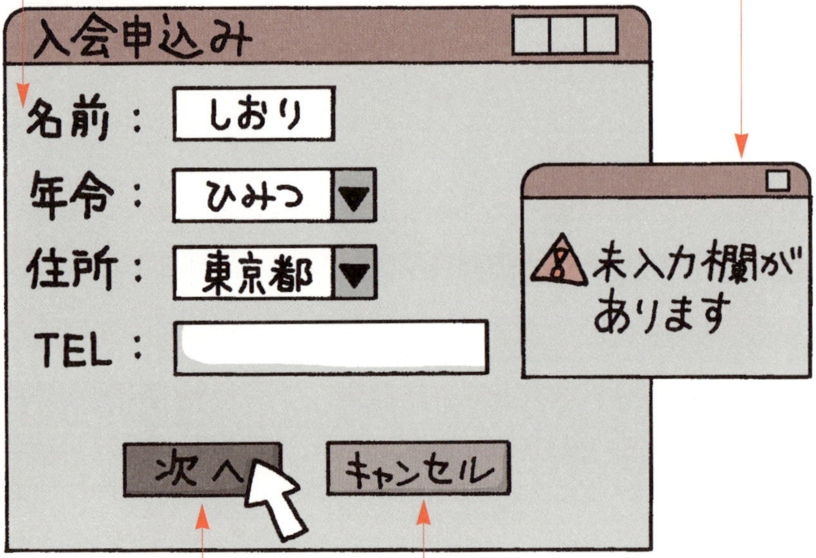

イベント
・「ページを読み込むとき」にメッセージを表示する
・「マウスポインタを載せる」と色が変わる

フォーム
・フォームに空欄がないかをチェックする
・チェックボックスをすべてチェックする

I JavaScriptの特徴

JavaScriptの大きな特徴は、**クライアントサイドスクリプト**として実行されるということです。クライアントサイドスクリプトはWebブラウザ上で処理を実行するしくみです。

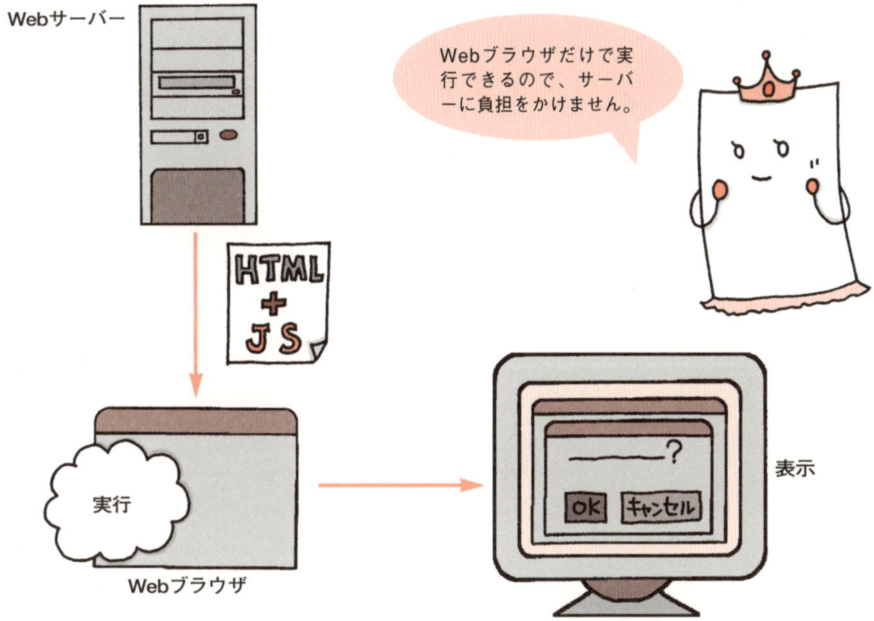

基本的に、クライアントサイドスクリプトでは、サーバーとのやり取りが必要な複雑な処理をしたり、サーバー上にデータを保存したりすることはしません。

ただし最近は、JavaScriptの技術を使ってページを遷移させずにサーバーと通信する、**Ajax**（p.138）という技術も使われ始めています。

Flash

Flashは動きのあるコンテンツ作りに利用されています。

I Flashとは

Flashとは、動画やインタラクティブ（対話的）なユーザーインターフェースを提供する技術のひとつです。

マウスやキーボードの操作に反応する、インタラクティブな画像やフォームを作成できます。

Flashで作成されるコンテンツは**ベクター形式**で描画されているため、表示の速い美しい動画を表現できます。

ベクター画像
ビットマップ画像
ベクター形式では図形の情報を数式で記録します。ファイルサイズが小さく、動作が軽快です。
ZOOM!
ベクター形式
ビットマップ形式

Flashのコンテンツは Flash作成ソフトで作ることができます。ActionScriptというプログラミング言語を使って、より複雑な動作をさせることもできます。

I 表示のしくみ

Flashのコンテンツを表示するしくみは次のとおりです。閲覧するためには、Webブラウザに専用のプラグイン「Flash Player」をインストールしておく必要があります。

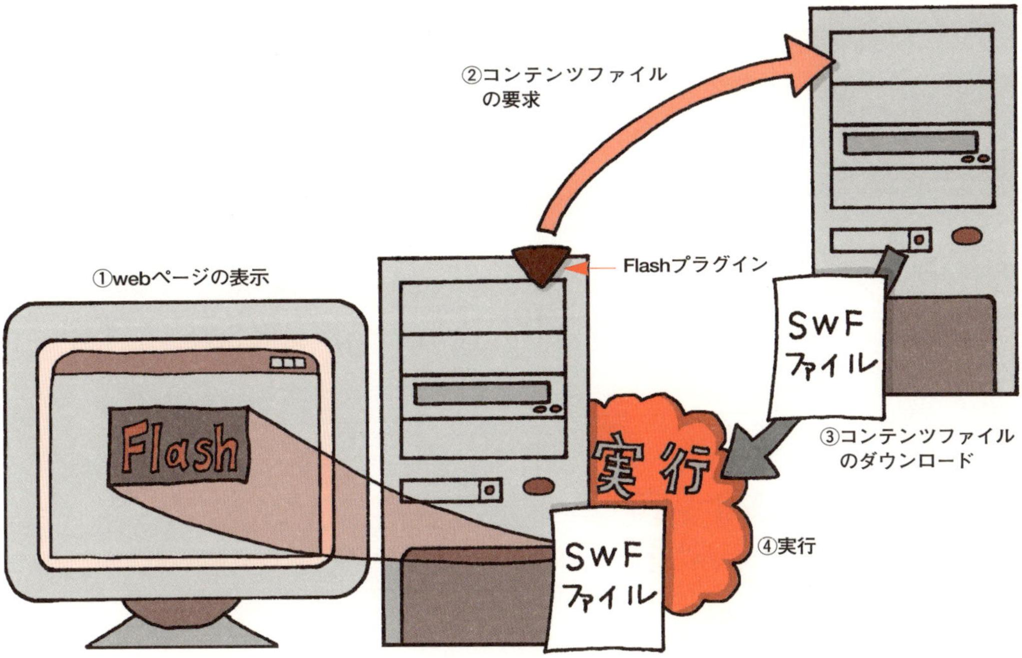

②コンテンツファイルの要求
Flashプラグイン
①webページの表示
Flash
SWF ファイル
実行
③コンテンツファイルのダウンロード
SWF ファイル
④実行

Flash作成ソフトは有償ですが、Flash Playerは無償で配布されています。

クッキー(1)

WebサーバーとWebブラウザの間でやり取りされるユーザー情報を、クッキーといいます。

I クッキー(Cookie)

クッキーは、Webサーバーが発行したデータを、ブラウザ側の所定の位置に保存するしくみです。ユーザーの認識やショッピングカート（買い物カゴ）などに利用されます。

Webサーバーとブラウザのやり取りは1回ごとに切断され、過去に行った通信との関連がありません。そのため、サーバーが過去の通信と同じユーザーとやり取りしているかを判断するしくみ（情報）が必要になります。そこでクッキーという方法を使います。

Ⅰ しくみ

クッキーでは、Webサーバーが発行したデータを、ブラウザを通じて訪問者のコンピュータに一時的に保存させます。このデータを次回の通信時にサーバーに提示すれば、サーバーはユーザーを特定し、前回からの続きのやり取りとして扱えます。

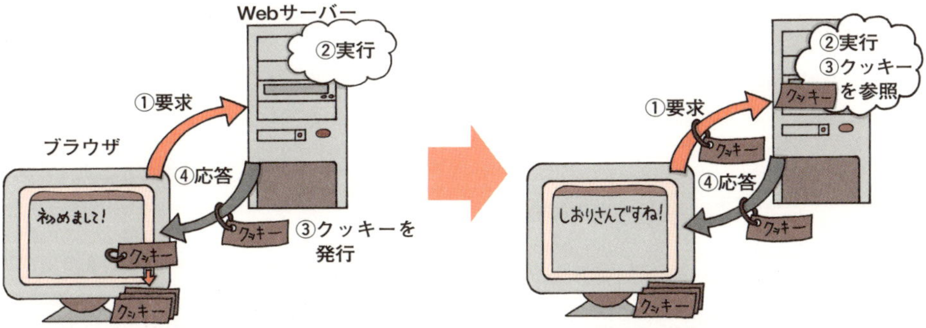
Webサーバー
②実行
①要求
ブラウザ
④応答
初めまして!
クッキー
③クッキーを発行
②実行
③クッキーを参照
①要求
④応答
しおりさんですね!
クッキー

初めてサーバーにアクセスしたときに、専用のクッキーデータが発行されます。ブラウザは受け取ったクッキーデータを保存しておきます。

ブラウザは次回要求時に、受け取ったクッキーをサーバーに提示します。サーバー側では以前アクセスしてきたブラウザかどうかを特定できます。

≫クッキーに記録される情報

クッキーに登録される内容は、アクセスするサイトによって異なりますが、ユーザーに関する情報、ユーザーが最後にWebサイトを訪れた日時やそのサイトの訪問回数など、さまざまな情報を記録できます。

クッキーの保存場所はブラウザの種類やバージョンによって異なります。
ブラウザ
サーバー

≫有効期限

クッキーの有効期限は通常ブラウザを終了するまでです。有効期限を設定すると、ブラウザを終了しても指定した期限まで情報が保存されるようになり、期限が過ぎると自動的に消滅します。

○月○日まで

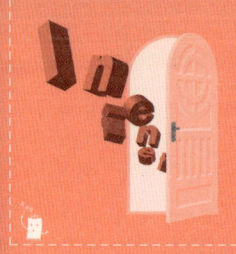

クッキー(2)

クッキーがどのような場面で利用されているのかを見てみましょう。

I クッキーの用途

クッキーは、たとえば次のような場面で利用されています。

ユーザー認証を簡略化します。

オンラインショッピングの
買い物カゴの状態を管理します。

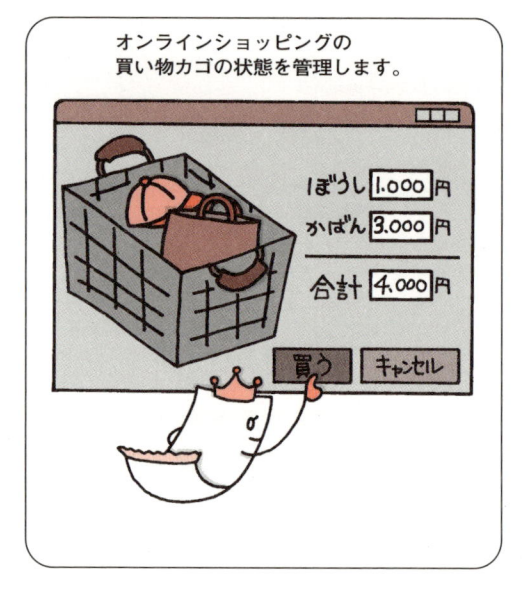

Webページの閲覧時間や
ユーザーの嗜好などを把握します。

WWW上のサービスをユーザーごとに
カスタマイズします。

I クッキーを利用した例

ショッピングカートを例にして、クッキーのやりとりを見てみましょう。

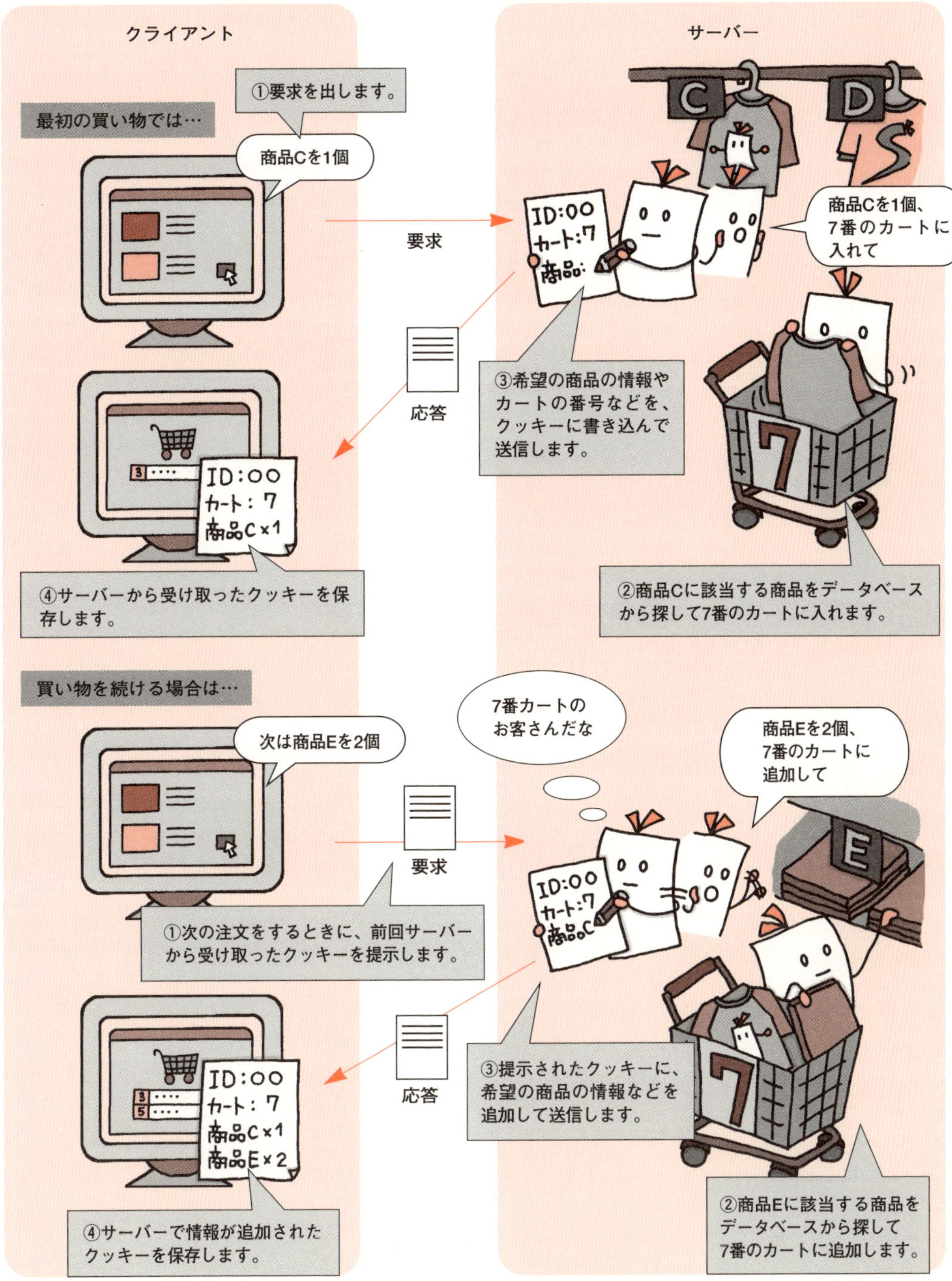

クライアント
サーバー
最初の買い物では…
①要求を出します。
商品Cを1個
要求
ID:00
カート:7
商品:
商品Cを1個、
7番のカートに
入れて
C
D
応答
③希望の商品の情報やカートの番号などを、クッキーに書き込んで送信します。
7
ID:00
カート:7
商品C×1
④サーバーから受け取ったクッキーを保存します。
②商品Cに該当する商品をデータベースから探して7番のカートに入れます。
買い物を続ける場合は…
7番カートの
お客さんだな
次は商品Eを2個
商品Eを2個、
7番のカートに
追加して
要求
E
ID:00
カート:7
商品C
①次の注文をするときに、前回サーバーから受け取ったクッキーを提示します。
応答
③提示されたクッキーに、希望の商品の情報などを追加して送信します。
ID:00
カート:7
商品C×1
商品E×2
④サーバーで情報が追加されたクッキーを保存します。
②商品Eに該当する商品をデータベースから探して7番のカートに追加します。

CSSのサンプル

CSSの項であげた3つの記述方法を、実際にサンプルを使って見てみましょう。なお、HTML文書は一部省略しています。

HTMLタグにCSSを直接記述する

特定の箇所にスタイルを適用したいときは、HTMLタグの**style属性**に直接CSSを記述します。

ehon1.html

```
<html>
<meta http-equiv="content-style-type" content="text/css">
<body>
<h1 style="color: red ;background-color: grey;">絵本シリーズについて
</h1>
  :
</body>
</html>
```

スタイルシートにCSSを使うことを記述します。

スタイル適用

<h1>と</h1>ではさまれた範囲の文字の色を赤に、背景をグレーに指定します。

style属性
スタイルの属性と値を指定します。
文字の色を赤にします。
プロパティを複数指定する場合は、「; (セミコロン)」で区切ります。

HTMLファイル内にCSSを記述する

ページ全体でスタイルを統一したいときは、HTML文書のヘッダ内に**<style>タグ**を使って指定します。

ehon2.html

```
<html>
<head>
<meta http-equiv="content-style-type" content="text/css">
<style type="text/css">
h1 {
  color: red;
  background-color: grey;
}
</syle>
</head>
<body>
<h1>絵本シリーズについて</h1>
  :
  :
</body>
</html>
```

<style>タグと</style>タグにはさまれたスタイルをHTMLファイル内に適用します。

<h1>と</h1>ではさまれた範囲の文字の色を赤に、背景をグレーに指定します。

スタイル適用

I 外部スタイルシートを読み込む

CSSファイルを別に作成し、HTML文書の**<link>タグ**で指定して読み込みます。複数のページで同じスタイルにしたい場合などに便利です。

```
   :
<head>
<meta http-equiv="content-style-type" content="text/css">
   :
<link rel="stylesheet" href="abc.css" type="text/css">
</head>
   :
```

読み込むCSSファイルを指定します。（abc.css を指す）

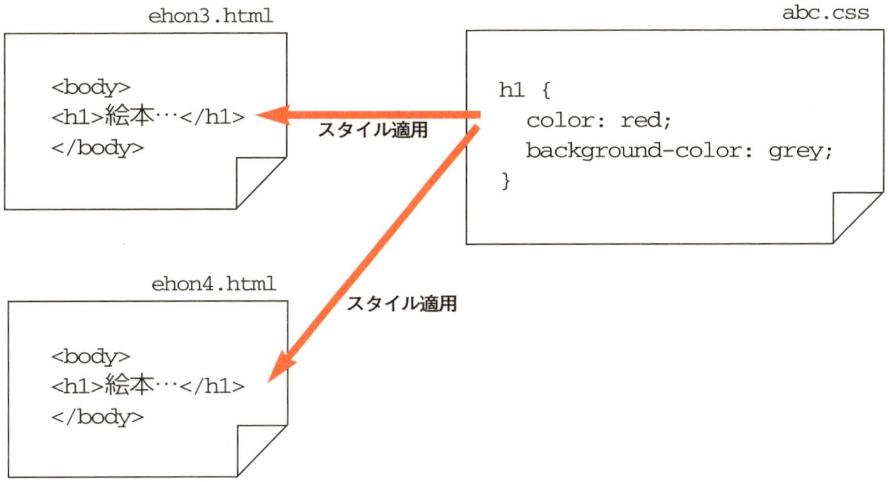

ehon3.html
<body>
<h1>絵本…</h1>
</body>
abc.css
h1 {
color: red;
background-color: grey;
}
スタイル適用
ehon4.html
<body>
<h1>絵本…</h1>
</body>
スタイル適用

ここにあげた3つの指定方法は、すべて次のように表示されます。

実行結果
絵本について

外部スタイルシートを読み込む方法が、Web標準として推奨されています。

JavaScriptのサンプル

JavaScriptの記述方法を、サンプルを使って見てみましょう。なお、HTML文書は一部省略しています。

HTMLタグのイベント属性に設定する方法と、HTML文書内に<script>タグで組み込む方法を使って、簡単なソースを記述してみます。

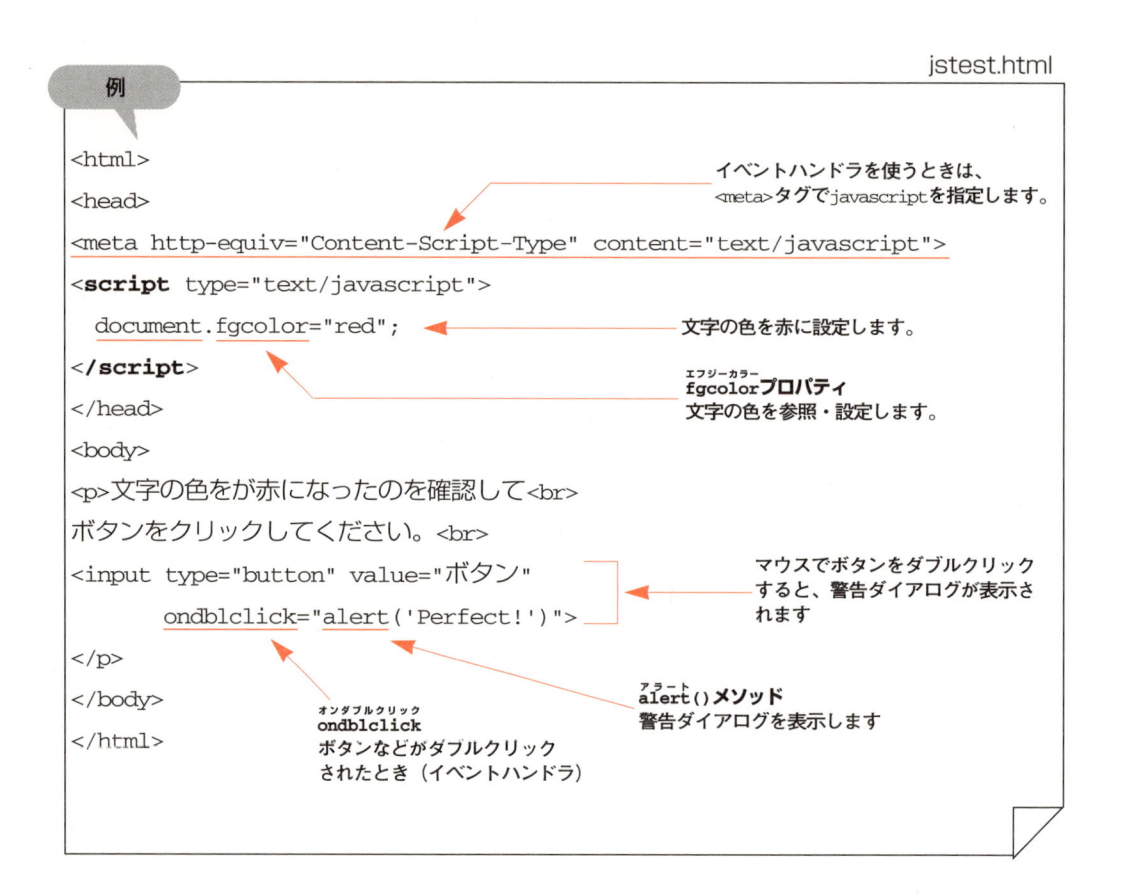

例　jstest.html

```
<html>
<head>
<meta http-equiv="Content-Script-Type" content="text/javascript">
<script type="text/javascript">
  document.fgcolor="red";
</script>
</head>
<body>
<p>文字の色をが赤になったのを確認して<br>
ボタンをクリックしてください。<br>
<input type="button" value="ボタン"
        ondblclick="alert('Perfect!')">
</p>
</body>
</html>
```

イベントハンドラを使うときは、<meta>タグでjavascriptを指定します。

文字の色を赤に設定します。

fgcolor《エフジーカラー》プロパティ
文字の色を参照・設定します。

マウスでボタンをダブルクリックすると、警告ダイアログが表示されます

ondblclick《オンダブルクリック》
ボタンなどがダブルクリックされたとき（イベントハンドラ）

alert《アラート》()メソッド
警告ダイアログを表示します

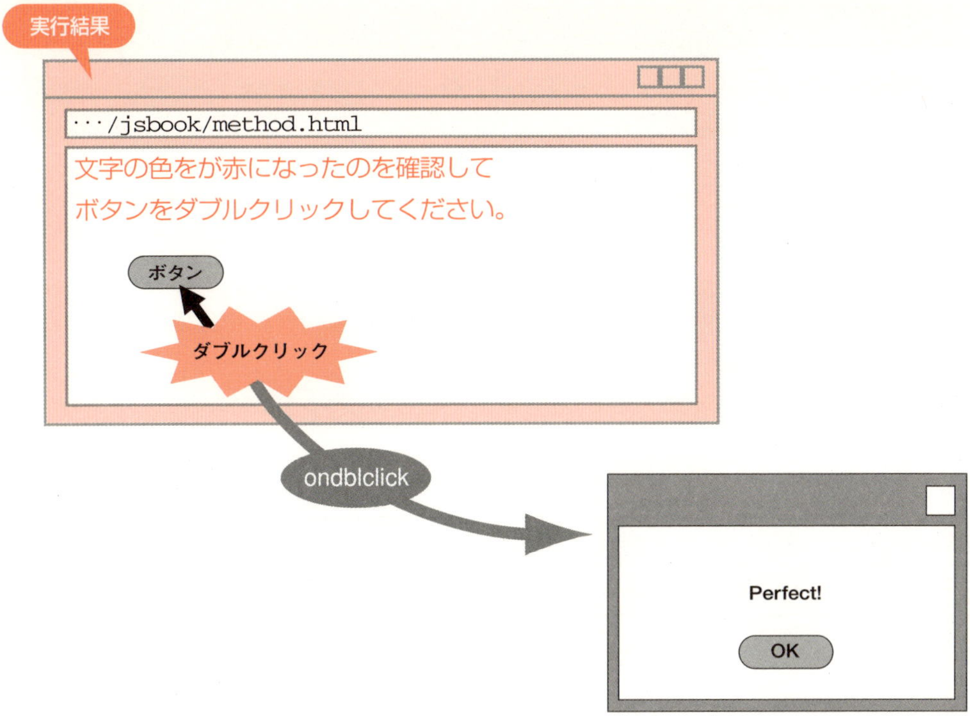
実行結果
･･･/jsbook/method.html
文字の色をが赤になったのを確認して
ボタンをダブルクリックしてください。
ボタン
ダブルクリック
ondblclick
Perfect!
OK

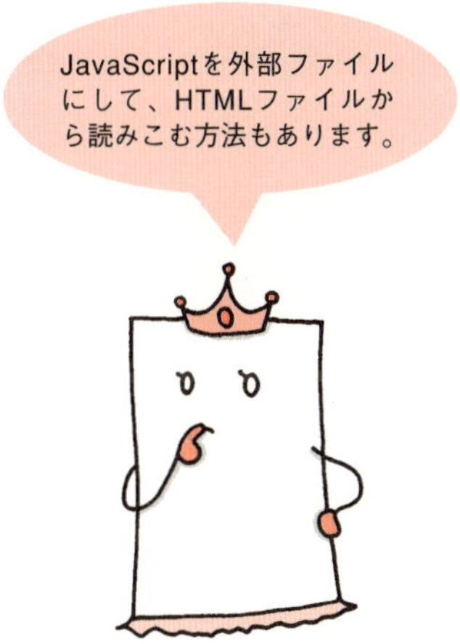
JavaScriptを外部ファイルにして、HTMLファイルから読みこむ方法もあります。

COLUMN

コラム

～XMLとXHTML～

XML

XML（Extensible Markup Language）は、文書やデータの意味や構造を記述するためのマークアップ言語の1つです。HTMLと同じように「タグ」と呼ばれるマークを文書中に追加することで、文書がどのような作りになっているか、その箇所がどのような意味をもっているのかなどを定義していきます。

XMLの特徴は、ユーザーがタグの意味と使い方を独自に決められることです。ユーザーがそれぞれの目的に応じたタグを定義することで、分野・業種・システムなどが異なっていてもインターネットを通じて交換できる文書を作成できます。HTMLは主にWebでの利用に限られていましたが、XMLを使うと、文書やデータをインターネット上のさまざまな分野で活用できるようになるのです。

例として、XML文書の1部を取り出してみると次のようになります。

```
<ehon>
<title>Cの絵本</title>
<author>株式会社アンク</author>
<price>1,449</price>
</ehon>
```

← 絵本のデータ用にタグを定義して使っています。

XHTML

XHTML（Extensible HyperText Markup Language）は、HTMLを上記のXMLの規則に従って定義し直したマークアップ言語です。装飾やレイアウトはCSS（p.50）で行うことが推奨されています。

現在利用されているのは主にXHTML1.0です。HTMLと比べて文法規則は厳しくなりますが、大幅な変更は加えられていないので、基本的にHTMLの知識が流用できます。

例として、XHTML文書の1部を取り出してみると次のようになります。

要素名や属性名はすべて小文字で書きます。

```
<h2>しおりちゃんとは</h2>
<p>
<img src="shiori.jpg" alt="しおりちゃん" /><br />
絵本シリーズで案内役をつとめるマスコットキャラクター。
</p>
```

← HTMLで空要素（終了タグの無い要素）だったものも、終了タグが必要です。このようにしてタグを閉じます。

第4章

メールのしくみ

第4章は ここがkey!

Topics 電子メールのしくみを知ろう

電子メールについては第2章で概要を紹介しましたが、もう少し進んでその機能や送受信の仕組みを見てみましょう。

電子メールはメールサーバーとメーラーとのやり取りで成り立っています。このやり取りでは、2つのプロトコルが使われています。ユーザーがメールを送りたいと思ったとき、つまりメーラーからメールサーバーにメールが送られるときに使われるのが**SMTP**（Simple《シンプル》 Mail《メール》 Transfer《トランスファー》 Protocol《プロトコル》）というプロトコルです。ユーザーが送信したメールは、メールサーバーから次のメールサーバーへと次々に転送されていき、最終的に相手のメールサーバーに届くしくみになっていて、ここでもSMTPが使われます。そして、自分のメールサーバーにメールが届いているかどうかを確認したり、メールを取得するときに利用されるのは、**POP**（Post《ポスト》 Office《オフィス》 Protocol《プロトコル》）というプロトコルです。

電子メールには、1通のメールを同時に複数の相手に送れるという機能があります。送信先は、メール内容との関係度により「**To**」「**Cc**」「**Bcc**」に分けて指定することもできます。CCとはCarbon Copyの略なのですが、これは2枚の紙の間にカーボン紙（複写紙）を挟み、上からボールペンで筆記したりタイプライターを打ったりすることで、下の紙に上の内容を複写するという、昔のコピー作成方法に由来しています。また、受信したメールに返信すると、タイトルの先頭に「Re」というマークがつきます。このマークの由来には諸説ありますが、ラテン語で「～について」という意味を表す「res」が語源であるという意見が有力なようです。なお、転送するときに使う「Fw」は英語のforward（転送する）の略です。こちらは想像しやすいですね。

迷惑メール対策

手軽に送信できるという電子メールの特徴を悪用し、不快な内容のメールや詐欺目的のメールを無作為に送りつけてくる**迷惑メール**が後を絶ちません。メールを中継・管理するプロバイダはさまざまな迷惑メール対策をこころみていますが、その中でもここ数年で普及してきたのが**25番ポートブロック**と**サブミッションポート**というしくみで、迷惑メールの送信手段を制限するというものです。プロバイダからメーラーの設定を変更するよう、通知を受けた人も少なくないのではないでしょうか。

迷惑メールについては第8章で詳しく扱いますので、そちらもぜひ参照してください。

携帯電話でメールを送受信する

手元からメールが送れる携帯メールは、大変便利ですね。実は、携帯電話は各社が独自のしくみでネットワークを構成しているため、メールの送受信のしくみもインターネットとは異なります。他社の携帯電話やパソコンに宛てたメールが時折、意図しない内容に変換されてしまったり、うまく届かなかったりするのは、このあたりにも原因があるのです。

電子メールの機能

宛先を複数指定したり、すぐに返信をしたりできるのは、電子メールの大きな特徴です。まずはメールのデータから見てみましょう。

I メールのデータ

メーラーを使って作成したメールは、実際には次のようなテキストデータとして送信されます。

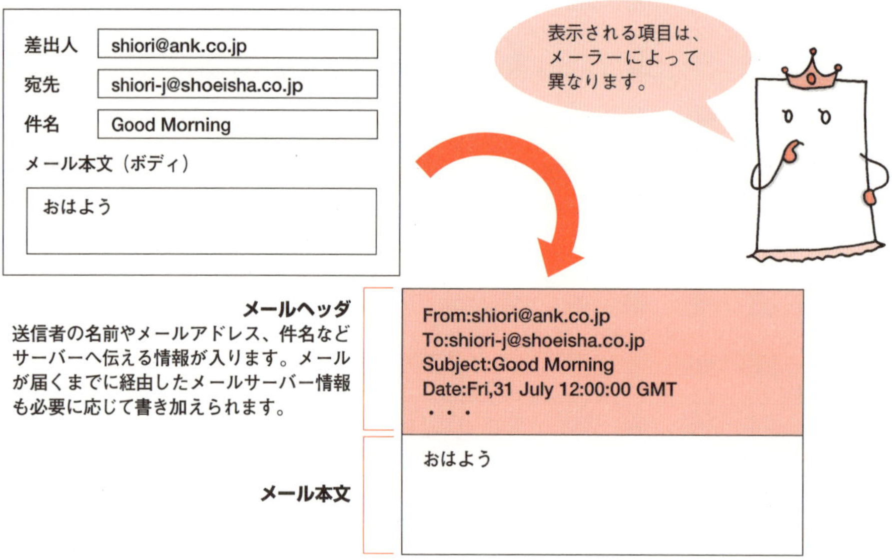

差出人 shiori@ank.co.jp
宛先 shiori-j@shoeisha.co.jp
件名 Good Morning
メール本文（ボディ）
おはよう
表示される項目は、メーラーによって異なります。
メールヘッダ
送信者の名前やメールアドレス、件名などサーバーへ伝える情報が入ります。メールが届くまでに経由したメールサーバー情報も必要に応じて書き加えられます。
From:shiori@ank.co.jp
To:shiori-j@shoeisha.co.jp
Subject:Good Morning
Date:Fri,31 July 12:00:00 GMT
・・・
メール本文
おはよう

I 電子メールの機能

手紙には無い、電子メールならではの機能や用語があります。

≫複数の相手に送信

電子メールは1通のメールを同時に複数の相手に送ることができます。

サーバー

≫送信先の種類

メールを送信する相手のメールアドレスは「**To:**」(もしくは「**宛先**」)に指定するのが基本ですが、ほかに「**Cc:**《シーシー》」、「**Bcc:**《ビーシーシー》」という機能があり、送信目的に応じて使い分けます。

To:	Cc:(Carbon copy《カーボンコピー》)	Bcc:(Blind Carbon Copy《ブラインドカーボンコピー》)
メールを送りたい相手を指定する。To:に指定されたメールアドレスは、受信者全員のTo:に表示される。	参考までにメールを送る相手を指定する。Cc:に指定されたメールアドレスは、受信者全員のCc:に表示される。	参考までにメールを送るが、To:やCc:には存在を知らせたくない相手を指定する。Bcc:に指定されたメールアドレスは表示されない(受信者本人以外は受け取っていることがわからない)。

複数の相手を含めたい場合は、メールアドレスを「,(カンマ)」や「;(セミコロン)」で区切って指定します。

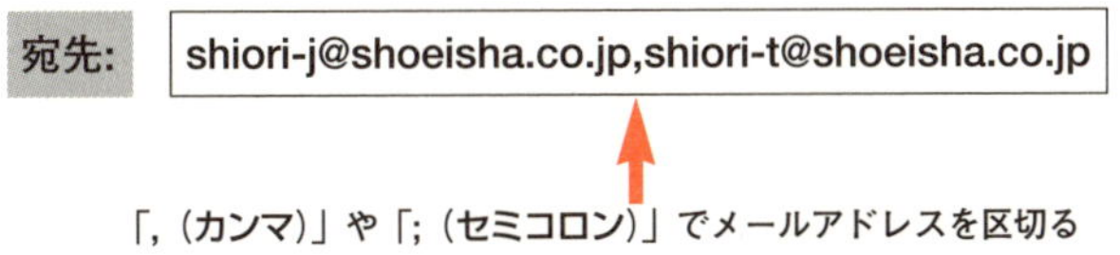

宛先:
shiori-j@shoeisha.co.jp,shiori-t@shoeisha.co.jp
「,(カンマ)」や「;(セミコロン)」でメールアドレスを区切る

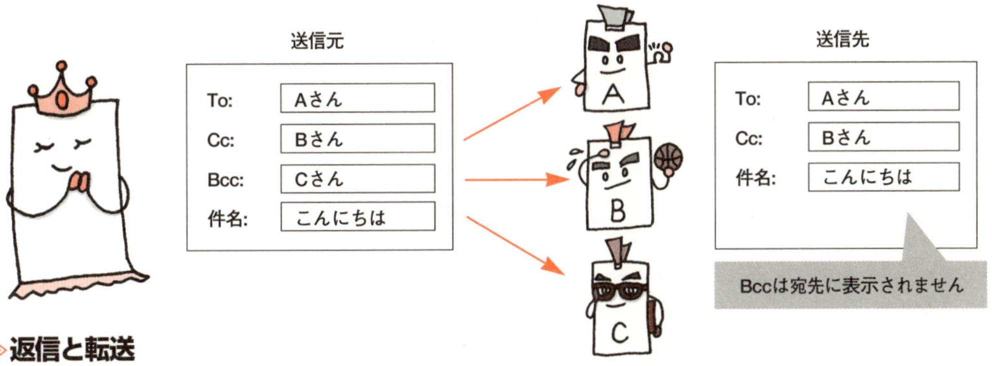

送信元
To: Aさん
Cc: Bさん
Bcc: Cさん
件名: こんにちは
A
B
C
送信先
To: Aさん
Cc: Bさん
件名: こんにちは
Bccは宛先に表示されません

≫返信と転送

受信したメールに対し、すぐに返信や転送ができます。一般的に、返信する場合は「**Re:**」、転送する場合は「**Fw:**」のマークがタイトルの先頭に付加され、本文には元の文章が引用されます。これらはメーラーの設定で変更できます。

From(差出人)
To:
Cc:
Bcc:
Re(返信)
Fw(転送)

電子メールのやり取り

電子メールサービスのしくみはどうなっているのかを紹介します。

I 電子メールの概要

電子メールサービスは、メールサーバーとメーラー（p.33）とのやり取りで成り立っています。まずは送受信の概要を表してみます。

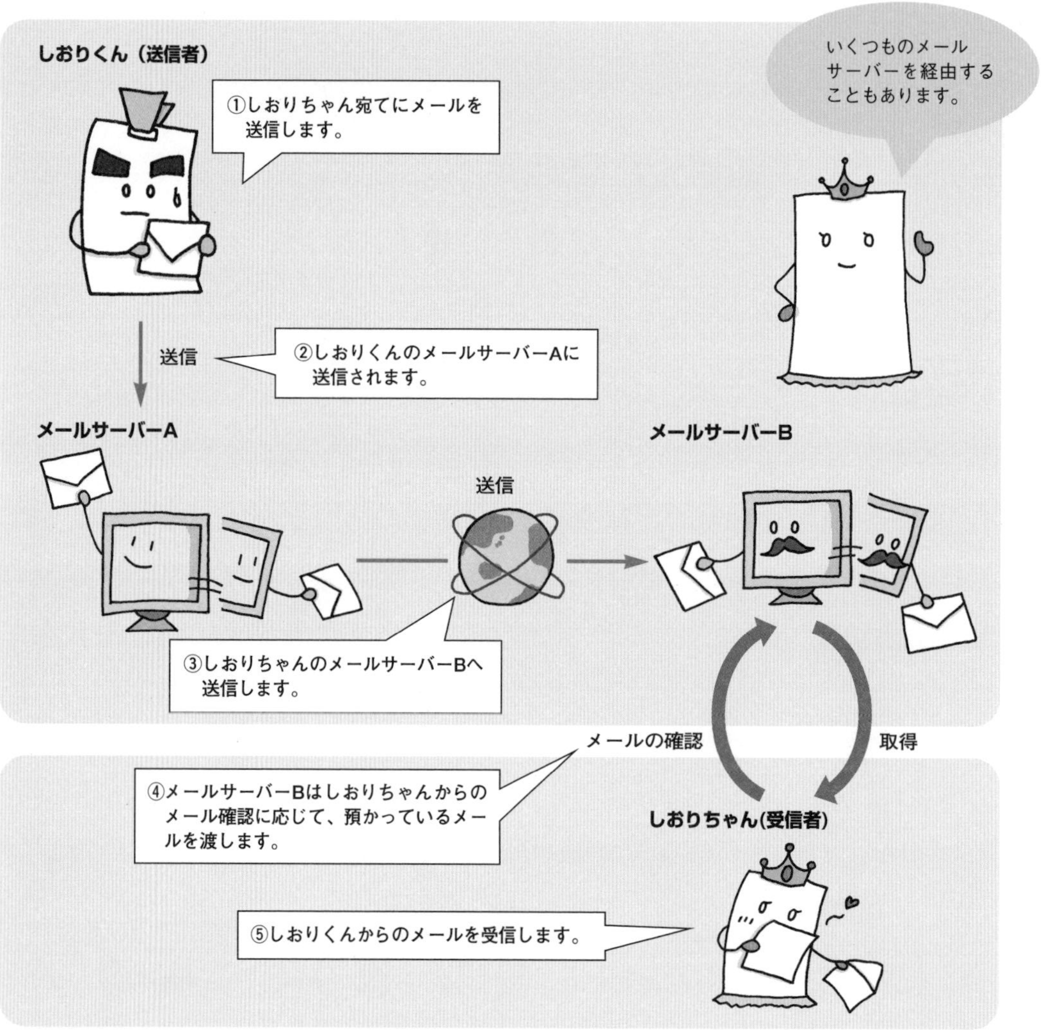

しおりくん（送信者）
①しおりちゃん宛てにメールを送信します。
いくつものメールサーバーを経由することもあります。
送信
②しおりくんのメールサーバーAに送信されます。
メールサーバーA
メールサーバーB
送信
③しおりちゃんのメールサーバーBへ送信します。
メールの確認
取得
④メールサーバーBはしおりちゃんからのメール確認に応じて、預かっているメールを渡します。
しおりちゃん(受信者)
⑤しおりくんからのメールを受信します。

このやり取りでは主に、**SMTP**（Simple《シンプル》 Mail《メール》 Transfer《トランスファー》 Protocol《プロトコル》）と、**POP**《ポップ》（Post《ポスト》 Office《オフィス》 Protocol《プロトコル》）という2つのプロトコルが利用されています。

SMTP

メールを宛先のメールサーバーまで転送するプロトコルです。左ページの図で赤色矢印の部分を担当します。SMTPに対応したメールサーバーを**SMTPサーバー**といいます。

しおりさんにメールを届けてください
了解です
SMTP
SMTP
しおり
クライアント
SMTPサーバー
SMTPサーバー
メールを次のサーバーに転送する場合もSMTPを使います。

POP

メールサーバーから自分宛の電子メールを受け取るときに使うプロトコルです。左ページの図で灰色矢印の部分を担当します。現在ではPOPを改良した**POP3**（POP Version 3）が一般的です。POPに対応したメールサーバーを、**POPサーバー**といいます。

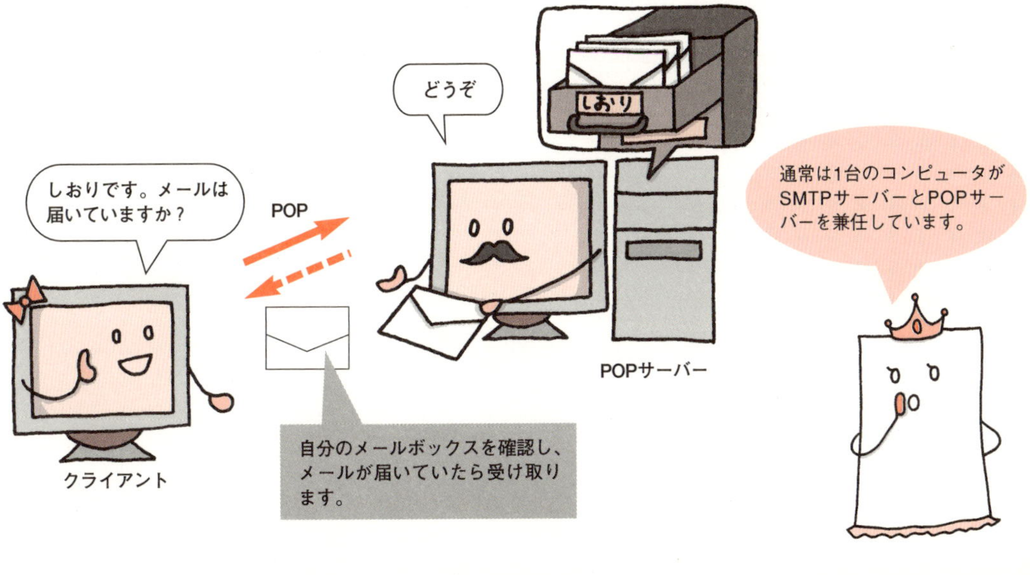

どうぞ
しおり
しおりです。メールは届いていますか？
POP
通常は1台のコンピュータがSMTPサーバーとPOPサーバーを兼任しています。
POPサーバー
クライアント
自分のメールボックスを確認し、メールが届いていたら受け取ります。

サブミッションポート

プロバイダでは、さまざまな迷惑メール対策を行っています。そのひとつがサブミッションポートです。

ポート番号

TCP/IPではデータの出入り口を**ポート**といいます。通信に利用される各ポートには**ポート番号**が振られていて、このポート番号によってデータの行き先が決まっています。

20
25
80

80
メール

サービス	プロトコル	ポート番号
WWW	HTTP	80
電子メール（送信）	SMTP	25
電子メール（受信）	POP3	110
ファイル転送	FTP	20・21

ポート番号は、0〜65535番です。このうち、0〜1023番は通信サービスごとにあらかじめ予約されており、ウェルノウン・ポート番号といいます。

迷惑メールの送信

迷惑メールの送信業者の多くは、自分のパソコンやメールサーバーから迷惑メールを送信しています。また、意図せず迷惑メールを大量送信していることもあります。

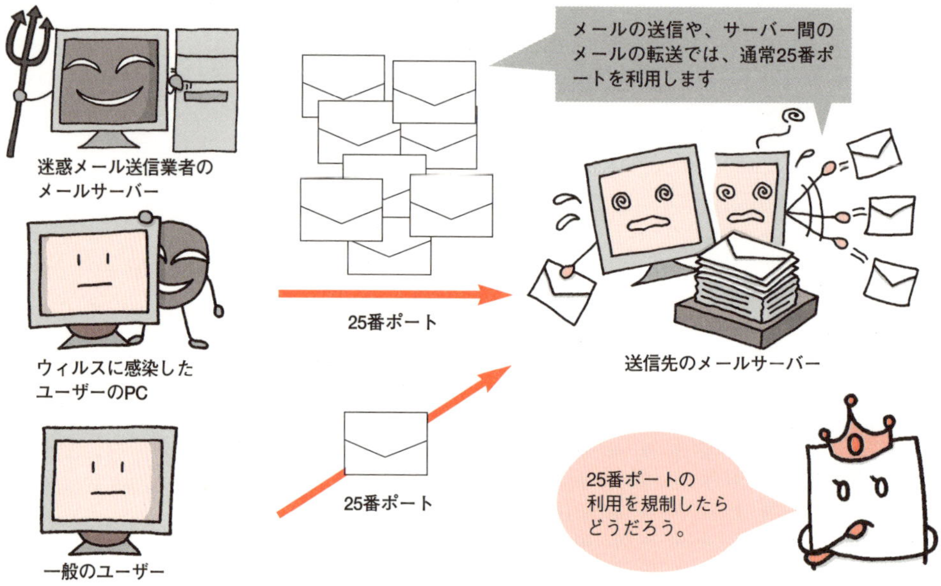

メールの送信や、サーバー間のメールの転送では、通常25番ポートを利用します
迷惑メール送信業者のメールサーバー
ウィルスに感染したユーザーのPC
25番ポート
送信先のメールサーバー
25番ポート
一般のユーザー
25番ポートの利用を規制したらどうだろう。

I 25番ポートブロックとサブミッションポート

現在、迷惑メール対策の1つとして採用されているのが**25番ポートブロック**（OP25B: Outbound Port 25 Blocking）と**サブミッションポート**というしくみです。

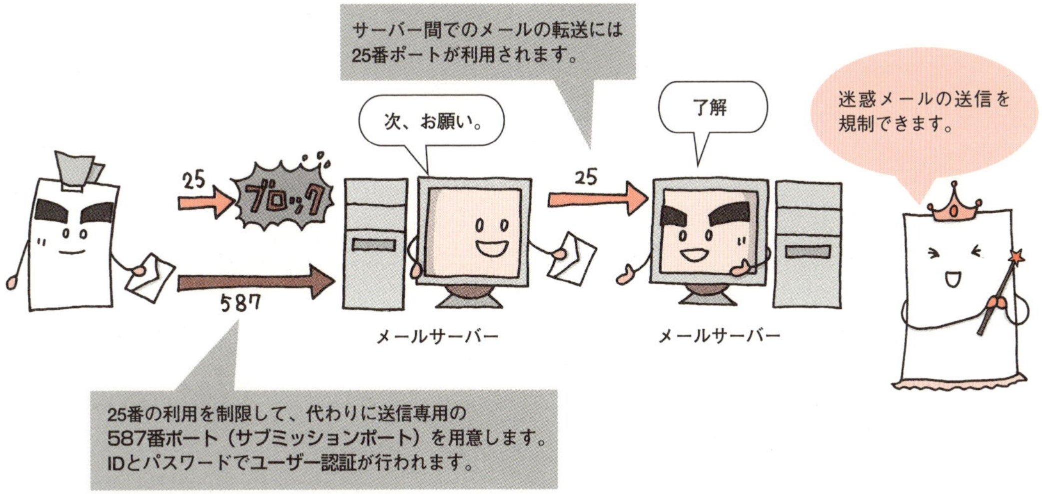

サーバー間でのメールの転送には
25番ポートが利用されます。
次、お願い。
了解
迷惑メールの送信を
規制できます。
25
ブロック
25
587
メールサーバー
メールサーバー
25番の利用を制限して、代わりに送信専用の
587番ポート（サブミッションポート）を用意します。
IDとパスワードでユーザー認証が行われます。

メール送信の流れは次のようになります。

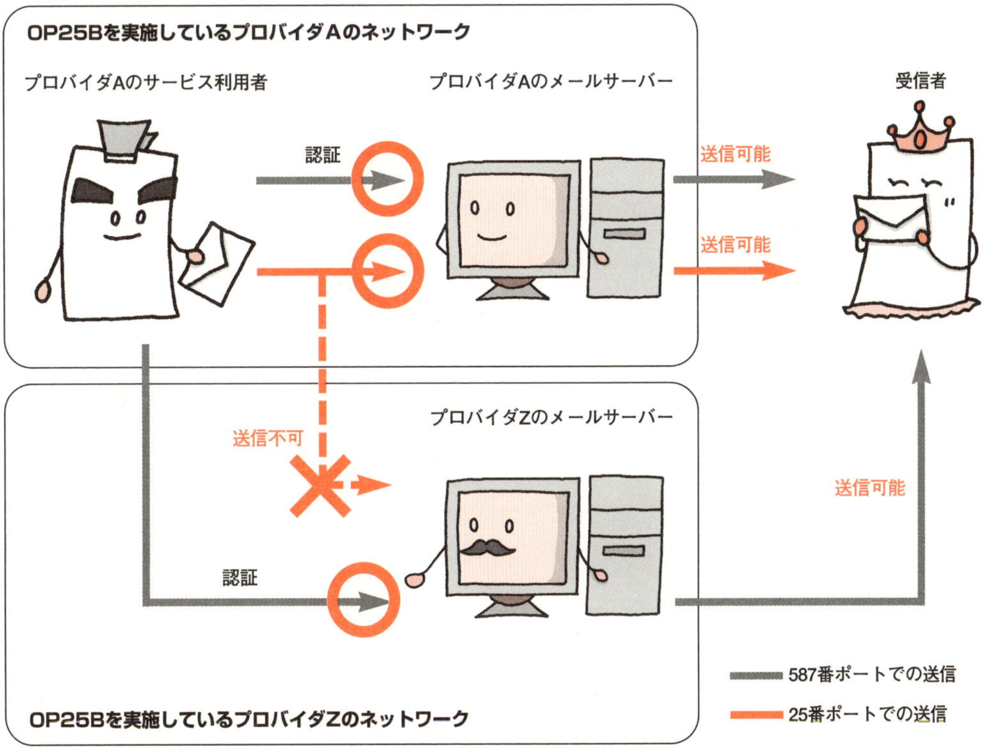

OP25Bを実施しているプロバイダAのネットワーク
プロバイダAのサービス利用者
プロバイダAのメールサーバー
受信者
認証
送信可能
送信可能
プロバイダZのメールサーバー
送信不可
送信可能
認証
587番ポートでの送信
25番ポートでの送信
OP25Bを実施しているプロバイダZのネットワーク

MIME

電子メールで、件名（Subject）に日本語を使ったり、ファイルを添付したりできるのはMIMEがあるからです。

I 電子メールの制約

普段、何気なく使っている電子メールですが、実は次のような制約があります。

≫件名（Subject）に日本語が使えない

電子メールのヘッダで使えるのはUS-ASCIIという文字コードのみです。ヘッダに書き込まれる情報のひとつである「件名（Subject）」にも、US-ASCIIで表せる文字しか使えません。

半角英数字はOK！
ヘッダ
データ
ひらがな・カタカナ・
漢字はダメ！

≫テキスト（文字）しか送れない

電子メールではテキストしか送れません。

画像データや音声はダメ！

文字コードとは

コンピュータ内では、文字ひとつひとつに割り当てられた数値を使って文字を表します。これが**文字コード**です。日本語のメールで一般に利用されている文字コードとしては、JISコード（ISO-2022-JP）があります。

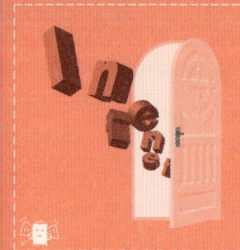

I MIME

MIMEは、ファイルをインターネットでやり取りできるかたちのデータに変換し、受信側で再び元のかたちに戻せるようにするしくみです。件名に日本語を使ったり、添付ファイルとしてテキスト以外のデータを送信できるようになります 。

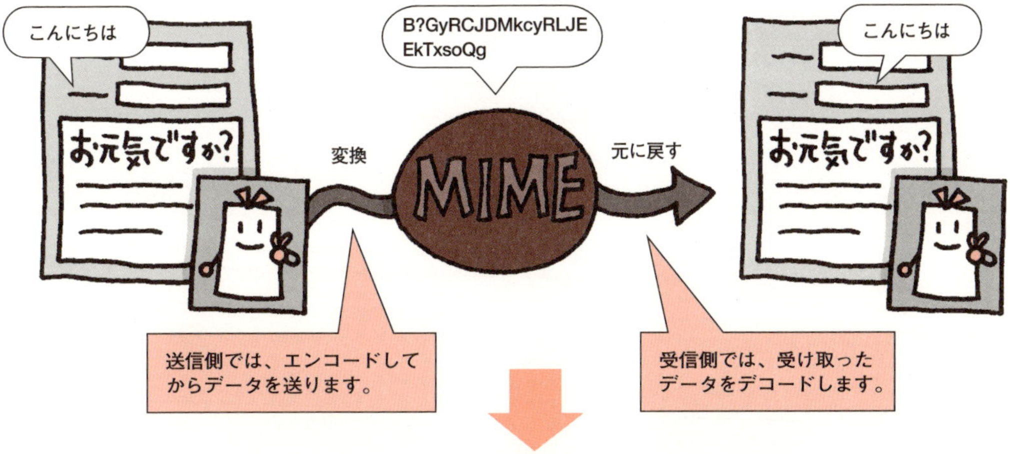

こんにちは
お元気ですか?
B?GyRCJDMkcyRLJE
EkTxsoQg
変換
MIME
元に戻す
こんにちは
お元気ですか?
送信側では、エンコードしてからデータを送ります。
受信側では、受け取ったデータをデコードします。

メールヘッダ

```
    :
To:Siori<shiori@ank.co.jp>
Subject:=?iso-2022-jp?B?GyRCJDMkcyRLJEEkTxsoQg
MIME-Version: 1.0
Content-Type:multipart/mixed;
boundary="---Boundary_)9GNw"
```

日本語の件名はエンコードされます。

MIMEを使うことを、ヘッダ内で宣言します。

メール本体

```
---Boundary_)9GNw
Content-Type: text/plain; charset=ISO-2022-JP
Content-Transfer-Encoding: 7bit

こんにちは

しおりです。
```

日本語のテキストのデータです。

```
---Boundary_)9GNw
Content-Type: text/plain; name="ankhplogo.txt"
Content-Transfer-Encoding: base64
Content-Disposition: attachment; filename="ankhplogo.txt"

g2WDWINnDQqDZYNYg2eCxYK3DQo=
```

日本語の添付ファイルのデータです。

```
---Boundary_)9GNw
Content-Type: image/jpeg; name="ankhplogo.jpg"
Content-Transfer-Encoding: base64
Content-Disposition: attachment; filename="ankhplogo.jpg"

/9j/4AAQSkZJRgABAQEAYABgAAD/2wBDAAgGBgcGBQgHBwc
JCQgKDBQNDAsLDBkSEw8UHRofHh0aHBwgJC4nICIsIxwcKDc
pLDAxNDQ・・・・
```

JPEG画像のデータです。

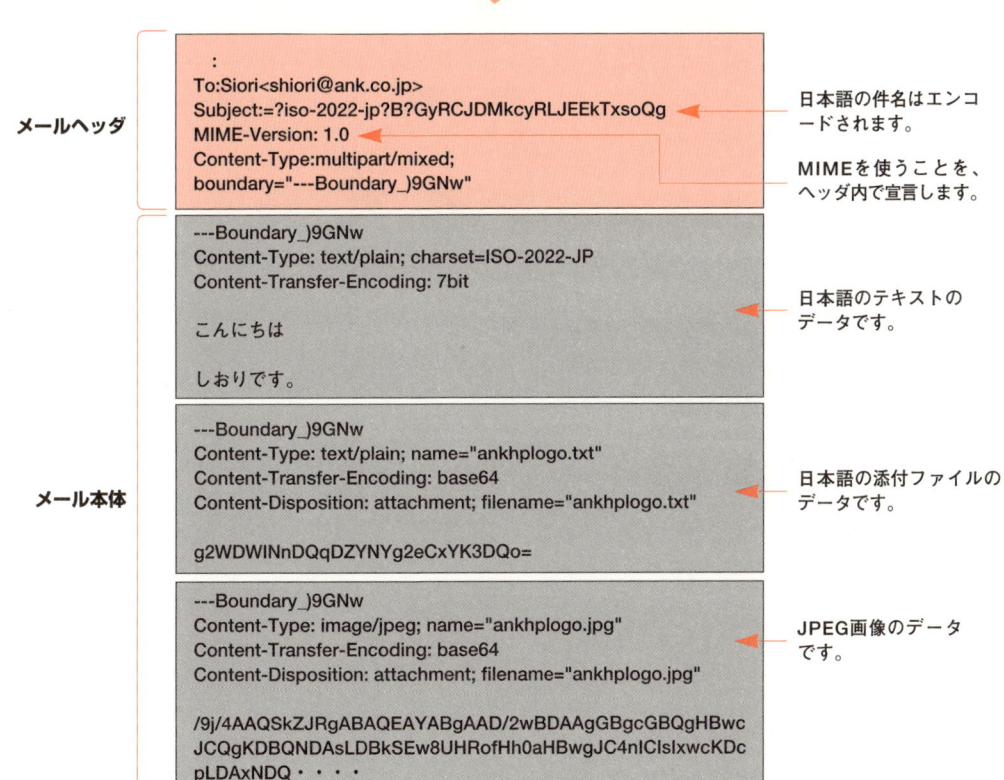

携帯メール

携帯電話からいつ・どこでも・すぐにメッセージが送れる携帯メールは、手軽なコミュニケーションツールとして、広く使われるようになりました。

携帯電話を利用したメール

携帯メールは、送受信に携帯電話を利用したメールサービスです。インターネットを使った電子メールと同様に、テキストや画像、動画などが送れるほか、絵文字やデコレーションメールなど、独特の機能もあります。

ガンバレ
4
携帯電話の通信サービスを提供している会社を、キャリアといいます。

携帯メールの問題

他社の携帯やインターネットを使った電子メールアドレス宛にメールを送信すると、一部正しく表現されない場合があります。これは、メールの送受信のしくみが異なっていることが原因です。

D
S
インターネット
NG

I 携帯メールのしくみ

インターネットを使った電子メールには、送受信方法やメールのデータ形式に共通のきまりがあるのに対し、携帯メールは各社が独自のしくみを採用しています。

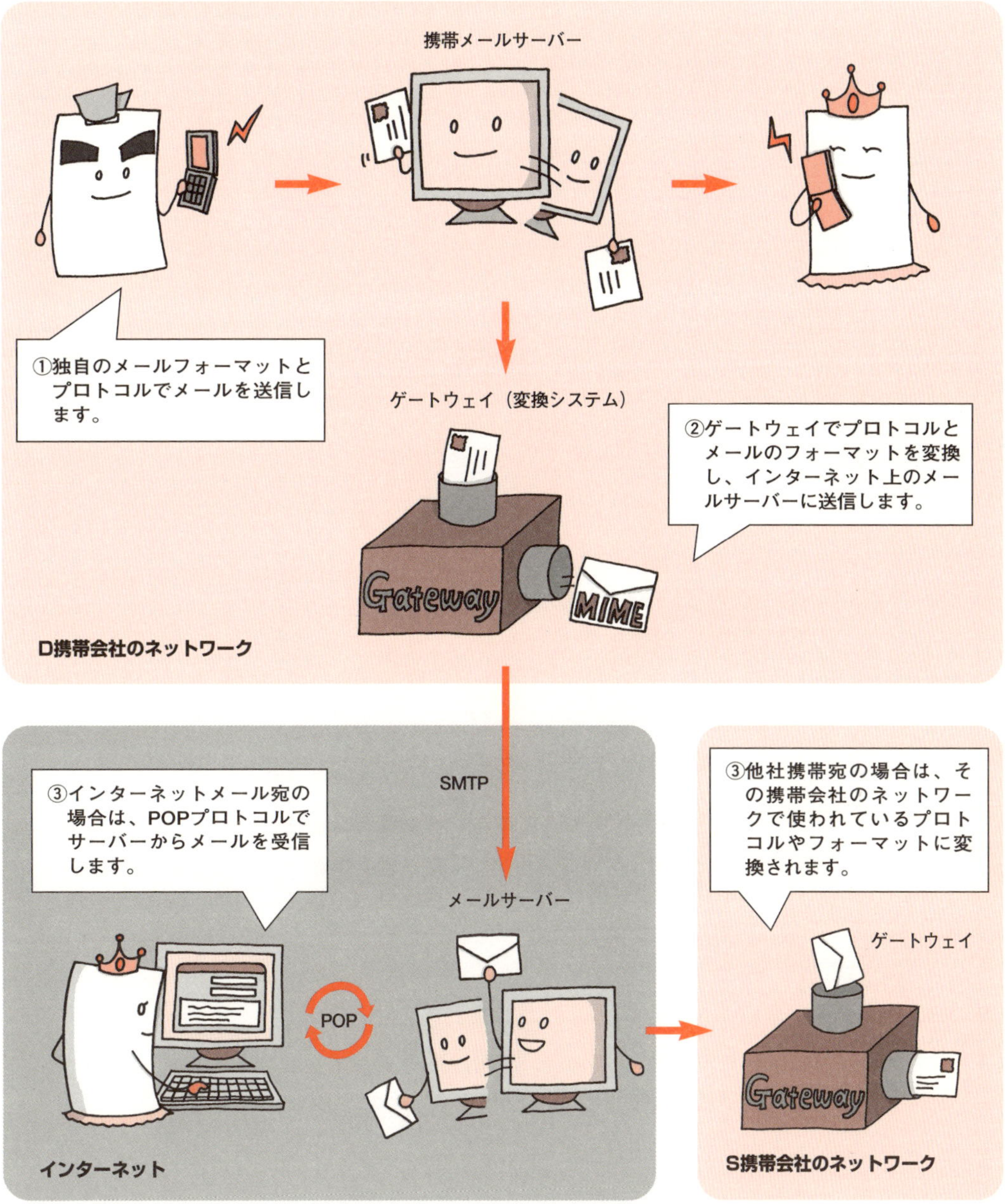
携帯メールサーバー
①独自のメールフォーマットとプロトコルでメールを送信します。
ゲートウェイ（変換システム）
②ゲートウェイでプロトコルとメールのフォーマットを変換し、インターネット上のメールサーバーに送信します。
Gateway
MIME
D携帯会社のネットワーク
SMTP
③インターネットメール宛の場合は、POPプロトコルでサーバーからメールを受信します。
メールサーバー
POP
インターネット
③他社携帯宛の場合は、その携帯会社のネットワークで使われているプロトコルやフォーマットに変換されます。
ゲートウェイ
Gateway
S携帯会社のネットワーク

しくみの違いをゲートウェイで変換していますが、相手側に対応する絵文字などが無い場合は変換することができず、送信側とは異なった表示になるのです。

COLUMN

コラム

～その他の電子メール関連プロトコル～

本編では扱わなかった、電子メール関連のプロトコルを2つ紹介します。

IMAP4

IMAP4（Internet Message Access Protocol 4）は、メールサーバーから電子メールを受信するためのプロトコルの1つです。IMAP4の4は、IMAPというプロトコルのバージョン4であることを示しています。

IMAP4はメールサーバ上でメールを保存・管理できるので、ユーザーがタイトルや送信者の一覧を確認してから受信するかどうかを決められます。添付ファイルのみ受信したり、逆に添付ファイルは受信しないといった選択も可能です。そのため「どこからでもメールが読める」「メールのサイズが大きくても、クライアントに負荷がかからない」というメリットもあります。

APOP

メールサーバーにアクセスしてメールを受信しようとするときには、ユーザー名とパスワードが要求されます。メールの受信に広く使われるPOPでは、パスワードを平文（そのまま）で送信するため、通信途中で盗聴（p.142）される危険性もあります。この問題を解消するため、POPを改良したものがAPOP（Authenticated Post Office Protocol）です。パスワードを暗号化して送信します。

しかし、この方式も弱点が発見されたため、さらにセキュリティを高めるためには、SSL（p.145）で通信経路を暗号化することが推奨されています。

インターネットの技術

第5章は ここがkey!

インターネット上でできること

第5章で扱うのは、インターネット上の技術（サービス）です。インターネット上でできることはたくさんありますが、そのなかでも私たちに比較的身近だと思われるサービスをピックアップして紹介します。

他のユーザーとの交流や情報交換のためによく利用されるのが、**掲示板**（BBS）、**チャット**、**SNS**（Social《ソーシャル》 Networking《ネットワーキング》 Service《サービス》）です。SNSを利用するにはサービスの会員になる必要がありますが、掲示板やチャットは基本的には誰でも利用できるシステムです（閲覧や書き込みに制限が設けられている場合もあります）。また、主に情報発信に利用される**ブログ**でも、ユーザーどうしの交流や情報交換ができます。このブログという名称は、「Web上で見つけた情報を記録（Log）していく」という意味でWeblog（ウェブログ）と名づけられたものが、略されてBlog（ブログ）になったといわれています。最近では「Web上に記録していく」という意味で使われることのほうが多いようです。比較的歴史の浅いサービスですが、簡単に始められることから爆発的に人気となりました。

ブログで更新情報の通知に使われている**RSS**は、ニュースサイトや企業のサイトなど、情報の新しさを重要視する場でも活用されています。チェックしたいWebサイトやブログを**RSSリーダー**と呼ばれる専用アプリケーションに登録しておけば、RSSリーダーが自動で巡回し、更新情報を収集します。これなら更新されているかどうか、サイトやブログを手動でひとつひとつチェックする手間が省けますし、「わざわざチェックしに行ったのに更新されていなかった」とがっかりすることもありません。大変便利なしくみですね。ただし、WebサイトやブログがRSSに対応している必要があることを忘れずに。

続いて紹介するのは、**動画サービス**や**P2P**、**IP電話**、**インスタントメッセンジャー**（IM）です。常時接続のブロードバンドが普及し、こ

うしたサービスはますます利用しやすい状況になっています。一時、ファイル共有ソフトをめぐる問題が騒がれましたが、このファイル共有ソフトは基本的にP2Pの技術を使っています。

また、インターネットを介してショッピングや取り引きを行うことも盛んです。オンラインショッピングや、ネットオークション、娯楽施設や交通機関の予約など、さまざまなことが行われています。これらをまとめて**電子商取引**といいます。ショッピングサイトでほしいものを見つけ、念のため実際の店舗所在地を確認したら大変遠く離れた場所にあって、驚いたことはありませんか？ そのくらい売買や取引に距離を問わない点が、魅力となっています。そうしたインターネット上のやり取りではまた、金銭も電子化して利用できます（**電子マネー**）。カード型のものや、おサイフケータイが身近かもしれませんが、ネットワーク上でのみ利用できるタイプの電子マネーもあります。

最後に、Webサイトや電子メールで必ずといっていいほど見かける「広告」を扱います。**インターネット広告**はリンク機能を活用して広告主のWebサイトにジャンプするしくみになっています。注意したいのは、こうした広告の中に時折、詐欺を働くことを目的としたものが潜んでいるということです。これについては第8章であらためて解説します。

本章はやや駆け足で進みますが、インターネットではどんなサービスや技術が提供されているのか、イメージをつかんでください。

掲示板とチャット

他のユーザーとの交流、意見や情報の交換に利用されるのが、掲示板やチャットです。

I 掲示板

掲示板（Bulletin Board System、**BBS**）は、ネットワーク上でメッセージを書き込んで表示させるシステムです。意見交換や情報の提供に利用されます。

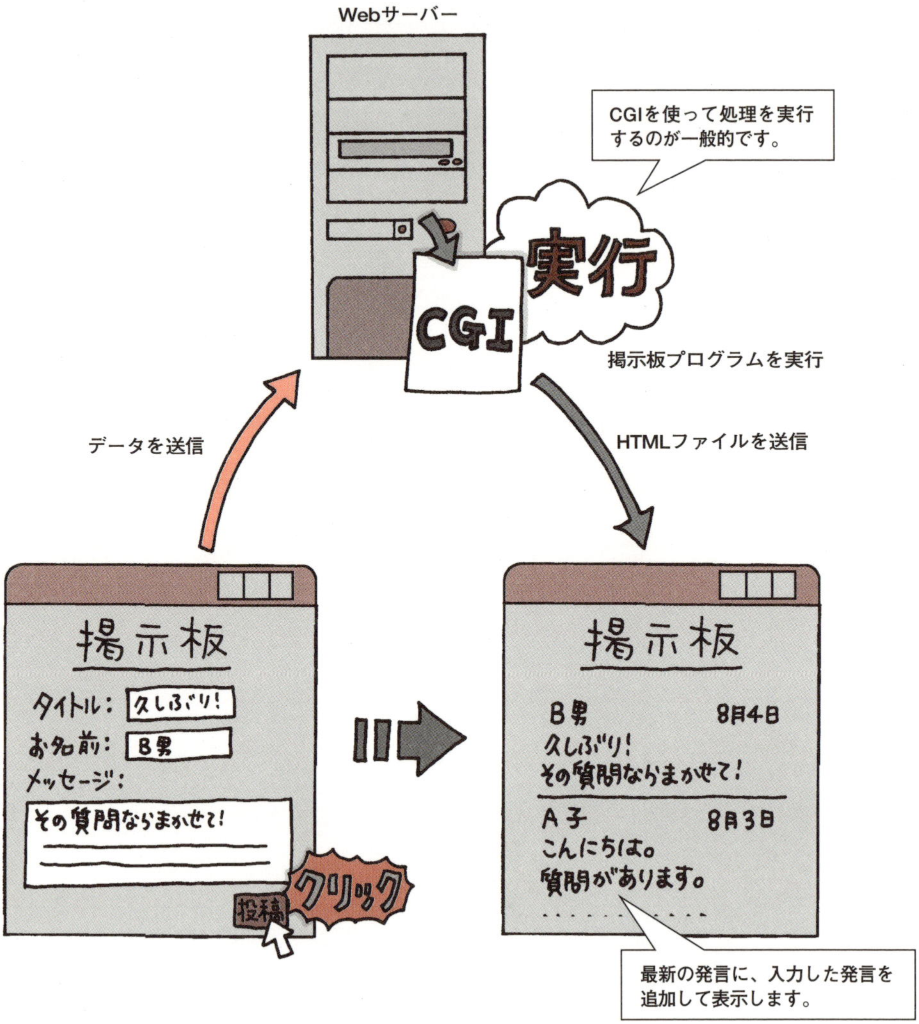
Webサーバー
CGIを使って処理を実行するのが一般的です。
実行
CGI
掲示板プログラムを実行
データを送信
HTMLファイルを送信
掲示板
タイトル：久しぶり！
お名前：B男
メッセージ：
その質問ならまかせて！
投稿
クリック
掲示板
B男 8月4日
久しぶり！
その質問ならまかせて！
A子 8月3日
こんにちは。
質問があります。
最新の発言に、入力した発言を追加して表示します。

I チャット

チャットも、ネットワーク上でのコミュニケーションを可能にするシステムです。しくみは掲示板とよく似ていますが、複数の人と文字を使った会話をリアルタイムで行える点が異なります。

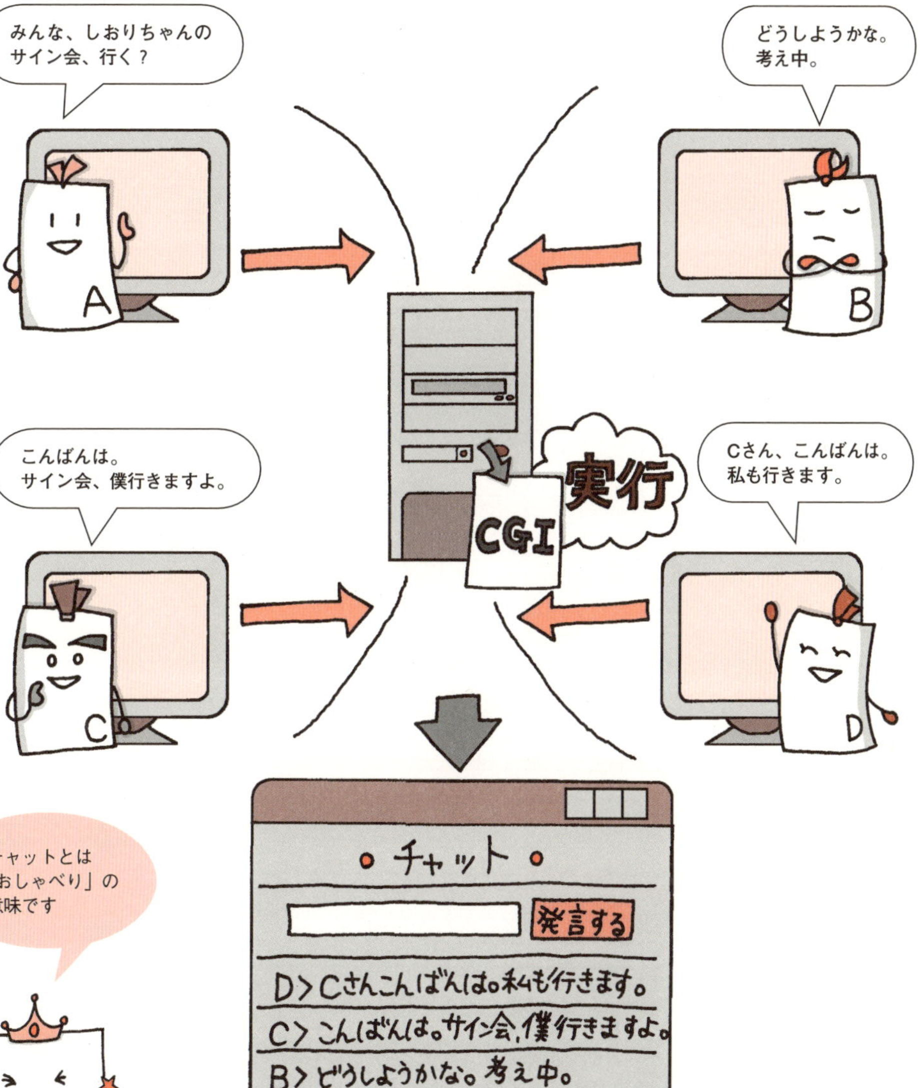

みんな、しおりちゃんのサイン会、行く？
どうしようかな。考え中。
こんばんは。サイン会、僕行きますよ。
Cさん、こんばんは。私も行きます。
A
B
C
D
実行
CGI
チャット
発言する
D＞Cさんこんばんは。私も行きます。
C＞こんばんは。サイン会、僕行きますよ。
B＞どうしようかな。考え中。
A＞みんな、しおりちゃんのサイン会〜

チャットとは「おしゃべり」の意味です

ブログ

ブログサービスに登録するだけで始められ、携帯電話からも閲覧や更新ができる手軽さが人気を呼んでいます。

I ブログとは

ブログとは、日々の出来事や自分の意見・感想、さまざまな情報などを、日記形式で記録しているWebサイトのことです。**コメント**機能や**トラックバック**機能を使って、記事や話題ごとに、作者と読者がコミュニケーションをとれるようになっています。

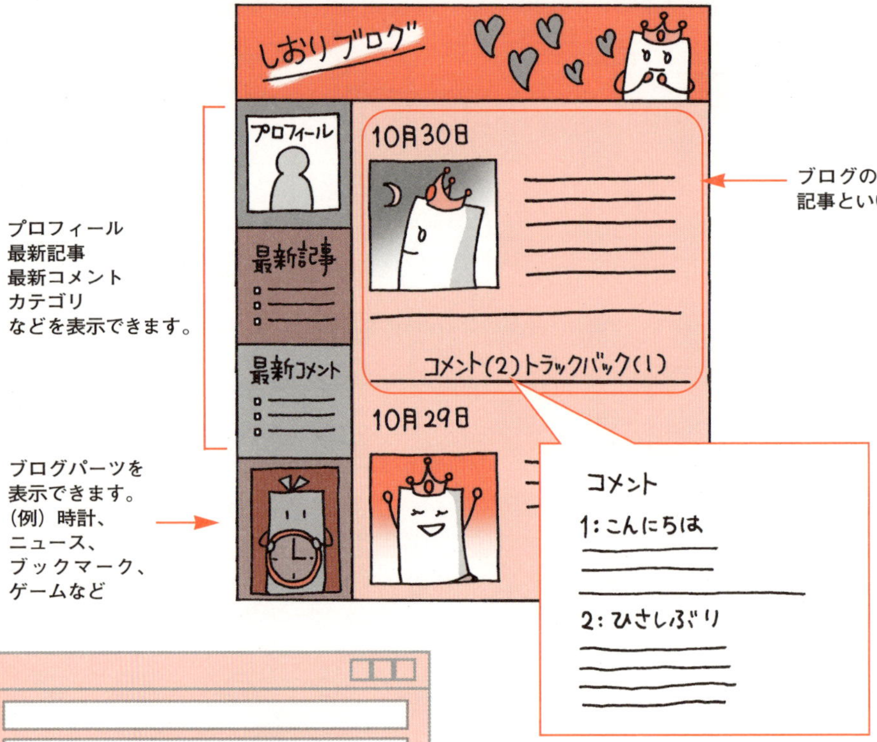
しおりブログ
プロフィール
最新記事
最新コメント
10月30日
コメント(2)トラックバック(1)
10月29日
コメント
1:こんにちは
2:ひさしぶり
ブログの本文を、記事といいます。
プロフィール
最新記事
最新コメント
カテゴリ
などを表示できます。
ブログパーツを表示できます。
(例) 時計、ニュース、ブックマーク、ゲームなど

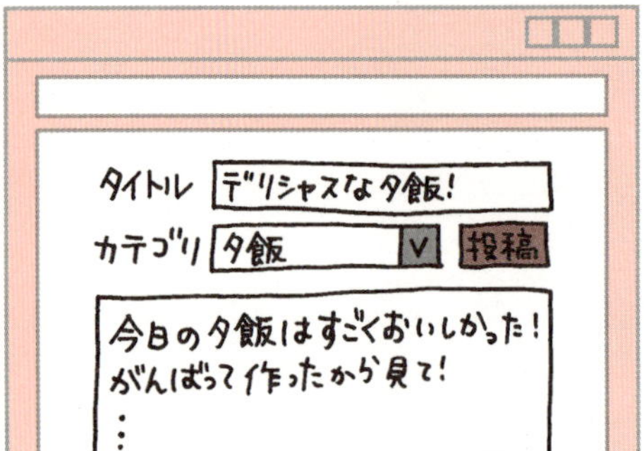
タイトル
デリシャスな夕飯!
カテゴリ
夕飯
投稿
今日の夕飯はすごくおいしかった!
がんばって作ったから見て!
:

記事の投稿は投稿画面から行います。

表示させる項目は、自分でカスタマイズできます。

トラックバック

トラックバックとは、相手の記事を引用・参照したり、同じ話題の記事を書いたりしたことを、相手に通知するしくみです。トラックバックをすると、相手のブログに自分のブログへのリンクが自動的に作成されます。

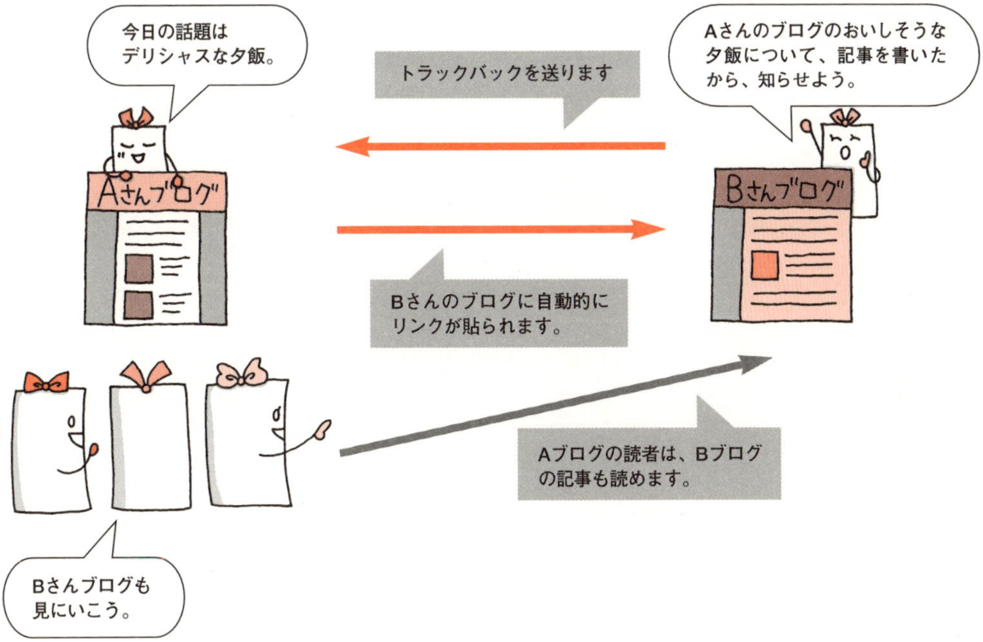
今日の話題は
デリシャスな夕飯。
トラックバックを送ります
Aさんのブログのおいしそうな
夕飯について、記事を書いた
から、知らせよう。
Aさんブログ
Bさんブログ
Bさんのブログに自動的に
リンクが貼られます。
Aブログの読者は、Bブログ
の記事も読めます。
Bさんブログも
見にいこう。

モブログ

携帯電話から閲覧、更新できるブログを**モブログ**といいます。モバイル（mobile）とブログ（blog)を合成した言葉です。

いつでも更新できる
ので人気です。
14:41
しおりブログ

SNS

SNSとはインターネット上で人との交流を深めるシステムです。

SNSとは

SNS（Social《ソーシャル》 Networking《ネットワーキング》 Service《サービス》）とは、互いに友人を紹介しあうことで新たに友人関係を広げながら、情報の発信や交流ができる、コミュニティ型のWebサービスです。

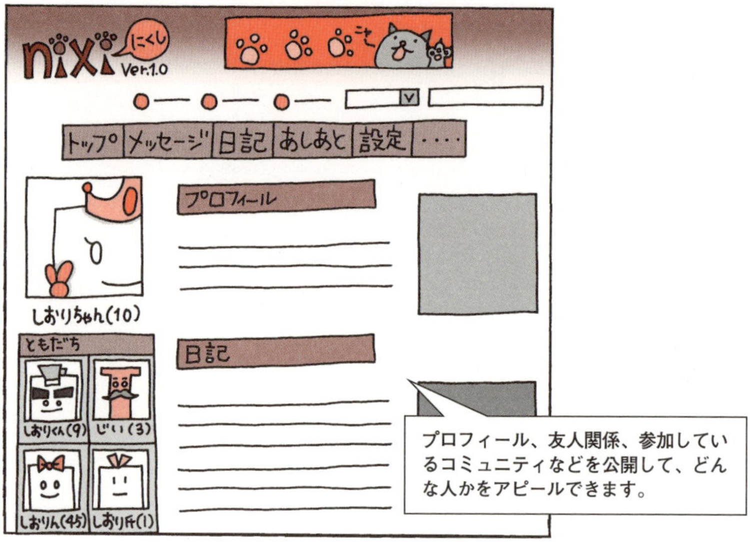
nixi
にくし
Ver.1.0
トップ
メッセージ
日記
あしあと
設定
プロフィール
しおりちゃん(10)
ともだち
しおりくん(9)
じい(3)
しおりん(45)
日記
プロフィール、友人関係、参加しているコミュニティなどを公開して、どんな人かをアピールできます。

参加するには？

SNSは会員制をとっているため、サービスを利用するにはまずSNSの会員になる必要があります。その方法として、登録制と紹介制とがあります。

登録制
自分で登録できます。
紹介制
会員からの紹介（招待）が必要です。
申込書
○○SNS受付

I 交流を広げるしくみ

SNSでは、一般的に次のようなコミュニケーション方法で、交流関係を築いていきます。

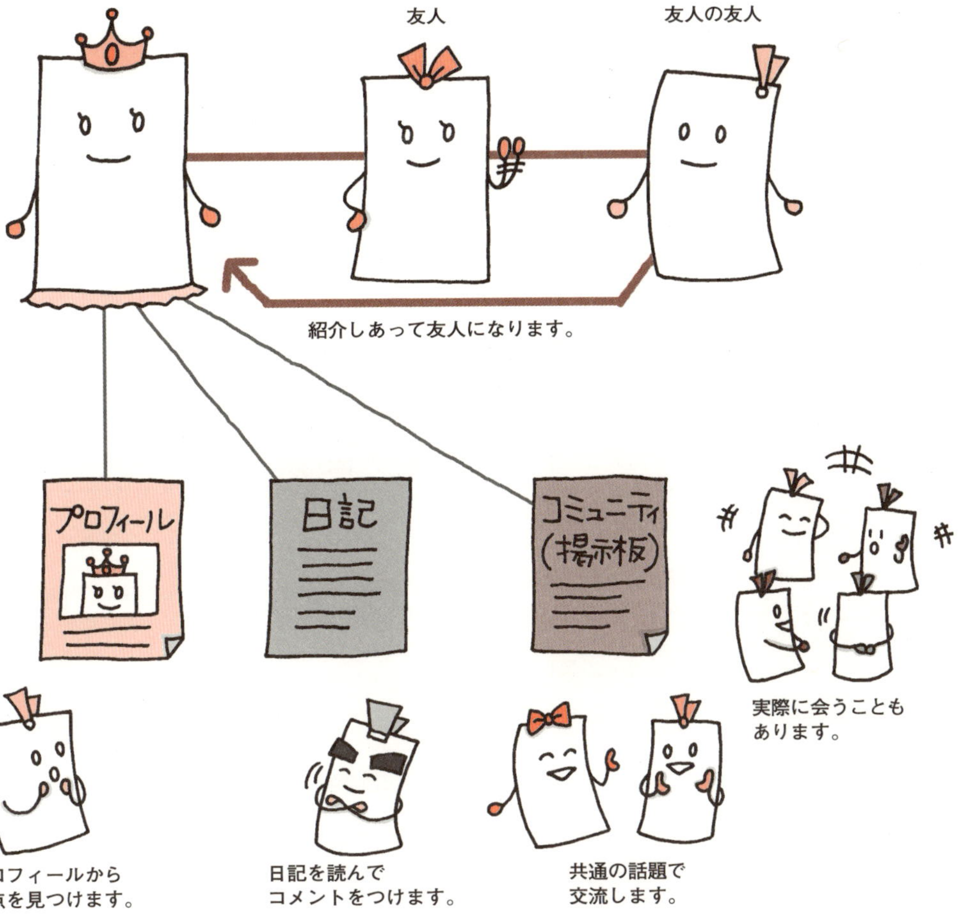
友人
友人の友人
紹介しあって友人になります。
プロフィール
日記
コミュニティ（掲示板）
実際に会うことも
あります。
プロフィールから
接点を見つけます。
日記を読んで
コメントをつけます。
共通の話題で
交流します。

日本では、mixi、GREE、
MySpaceなどが有名です。

RSS

RSSを使えば、よく見るWebサイトの更新情報を自動的に知ることができます。

I RSSとは

RSS（RDF Site Summary）は、Webサイトの内容を簡単にまとめた形式で配信するための規格です。おもに、サイトの更新情報を提供するために使用されています。

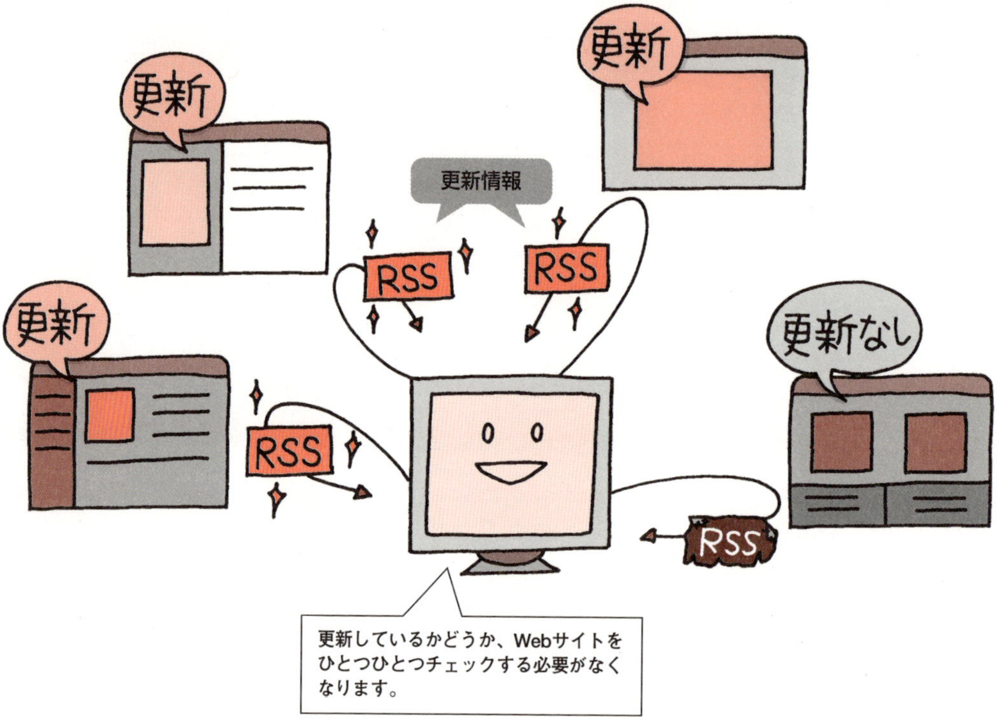

更新
更新
更新情報
RSS
RSS
更新
RSS
更新なし
RSS
更新しているかどうか、Webサイトをひとつひとつチェックする必要がなくなります。

RSSリーダーにWebサイトを登録すると、自動的に巡回してそのサイトのRSSを取得し、新着情報を表示します。

RSSを使うと、効率よく情報を集められます。

RSSに対応したWebサイト

RSS形式で配信される情報を**RSSフィード**といいます。 最近ではブログ、企業のWebサイト、ニュースや情報提供系のWebサイトなど、多くのWebサイトがRSSフィードを配信しています。

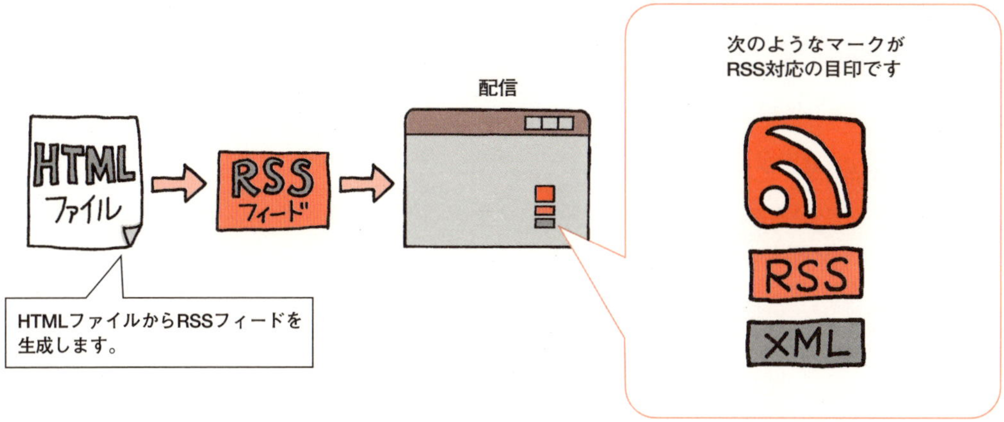

HTML
ファイル
RSS
フィード
配信
次のようなマークがRSS対応の目印です
RSS
XML
HTMLファイルからRSSフィードを生成します。

RSSリーダー

RSSフィードは、**RSSリーダー**と呼ばれるアプリケーションを使って収集・閲覧します。たとえば、次のような種類のRSSリーダーがあります。

専用アプリケーション型	RSS閲覧専用に開発されたアプリケーションを､自分のPCにインストールします。
Webブラウザ・メーラー型	RSSリーダー機能を兼ね備えているブラウザやメーラーを利用します。RSSリーダー機能はプラグインで追加することもできます。
Webアプリケーション型	業者が提供しているRSSリーダーサービスに登録し、ブラウザでアクセスして利用します。
ティッカー型	デスクトップやタスクバーなどに常駐し、ポップアップやテロップで新着情報を表示します。

動画サービス

通信速度が高速になるとともに動画サービスが普及していき、人気のサービスになっています。

I 動画サービス

動画サービスには、大きく分けて**動画配信サービス**と**動画共有サービス**とがあります。

≫動画配信サービス

サービス提供側が公開している動画を、ユーザーが閲覧するサービスです。動画コンテンツサービスともいいます。

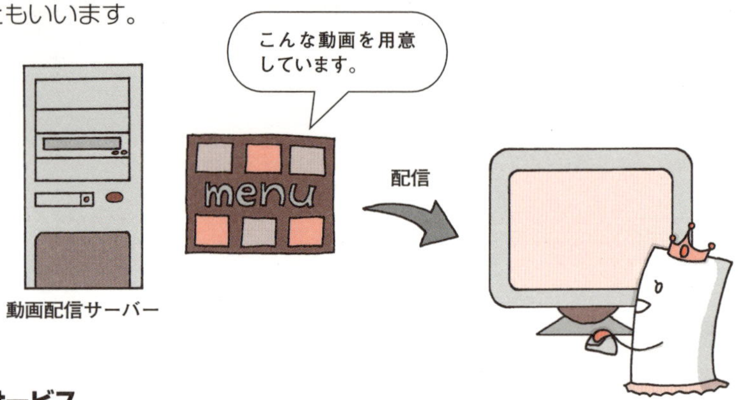

こんな動画を用意
しています。
menu
配信
動画配信サーバー

≫動画共有サービス

ユーザーが動画ファイルを投稿し、その動画をユーザーどうしで閲覧しあえるサービスです。

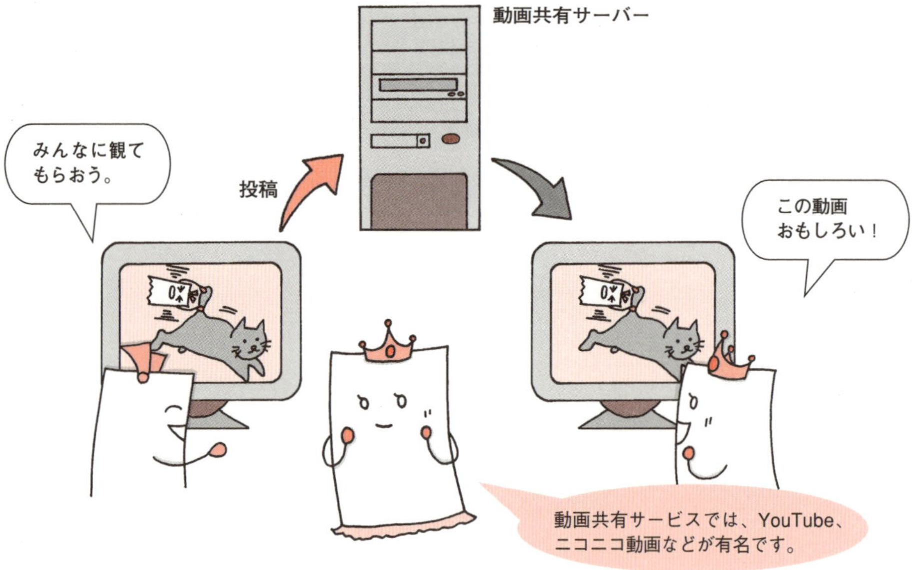

動画共有サーバー
みんなに観て
もらおう。
投稿
この動画
おもしろい！
動画共有サービスでは、YouTube、
ニコニコ動画などが有名です。

動画の配信・再生方法

動画を配信・再生する方法には次のようなものがあります。

≫ストリーミング方式

データの一部を読み込んだ時点で再生を開始します。ダウンロードしながら再生するので、待ち時間が少なくてすみます。最近はこの方式が主流です。

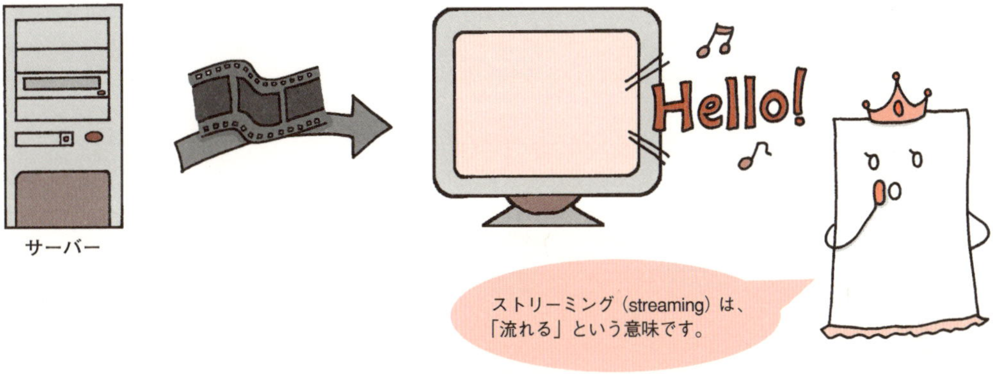
Hello!
サーバー
ストリーミング（streaming）は、
「流れる」という意味です。

≫ダウンロード方式

ファイルをすべて自分のコンピュータにダウンロードし、保存してから再生する方法です。

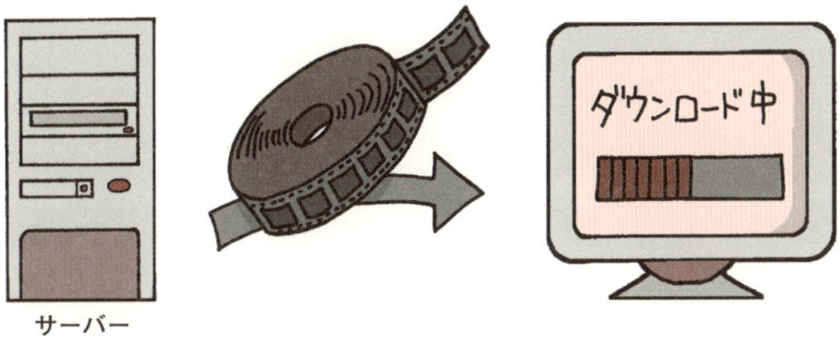
ダウンロード中
サーバー

代表的な再生ソフト

動画を再生するには再生ソフトが必要です。一般的な再生ソフトは音楽や動画ファイルを再生するだけでなく、保存して管理したり、CD-ROMやDVDに書き込んだり、ポータブルプレイヤーに転送したりとさまざまな機能をもっています。

Windows Media Player	Microsoft社が開発。無償でダウンロードできる。通常Windows には標準で搭載されている（プリインストール）。Mac OSでも利用できる。
Real Player	RealNetworks社が開発。無償でダウンロードできる。
Quick Time Player	Apple社が開発。無償でダウンロードできる。 もともとはMac OS用だったが、現在ではWindowsでも利用できる。

P2P

不特定多数のコンピュータと直接情報をやり取りするP2Pは、ファイル共有ソフトでよく利用される通信方式です。

I サーバーを介さないやり取り

ネットワーク上で、コンピュータどうしを対等の関係におき、直接データを送受信する通信方式を**P2P**《ピーツーピー》（Peer《ピア》 to《トゥ》 Peer《ピア》）といいます。

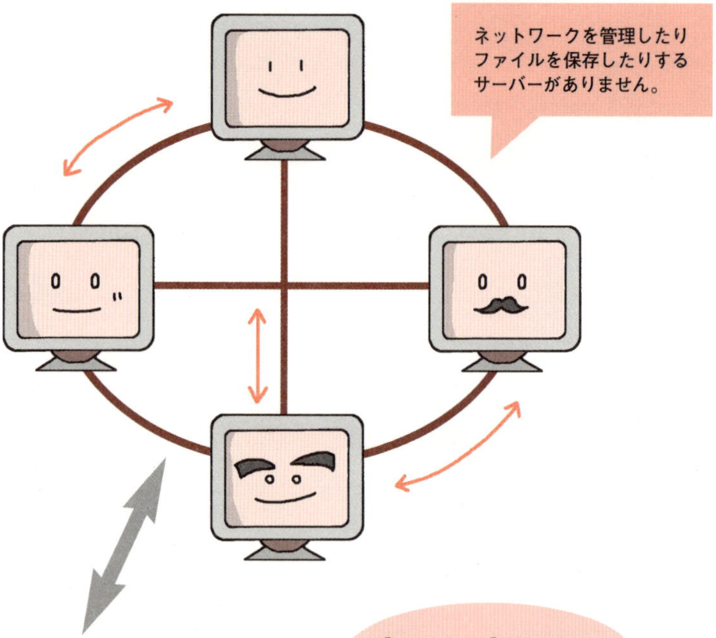
ネットワークを管理したり
ファイルを保存したりする
サーバーがありません。

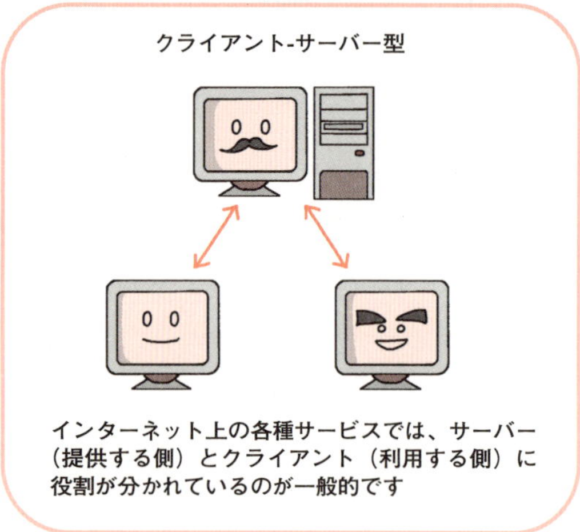
クライアント-サーバー型
インターネット上の各種サービスでは、サーバー（提供する側）とクライアント（利用する側）に役割が分かれているのが一般的です

「peer」とは「対等」という
意味です。

I ファイル共有ソフト

ファイル共有ソフトとは、P2P方式を利用して、インターネットで不特定多数のユーザーとファイルをやり取りするためのソフトウェアのことです。

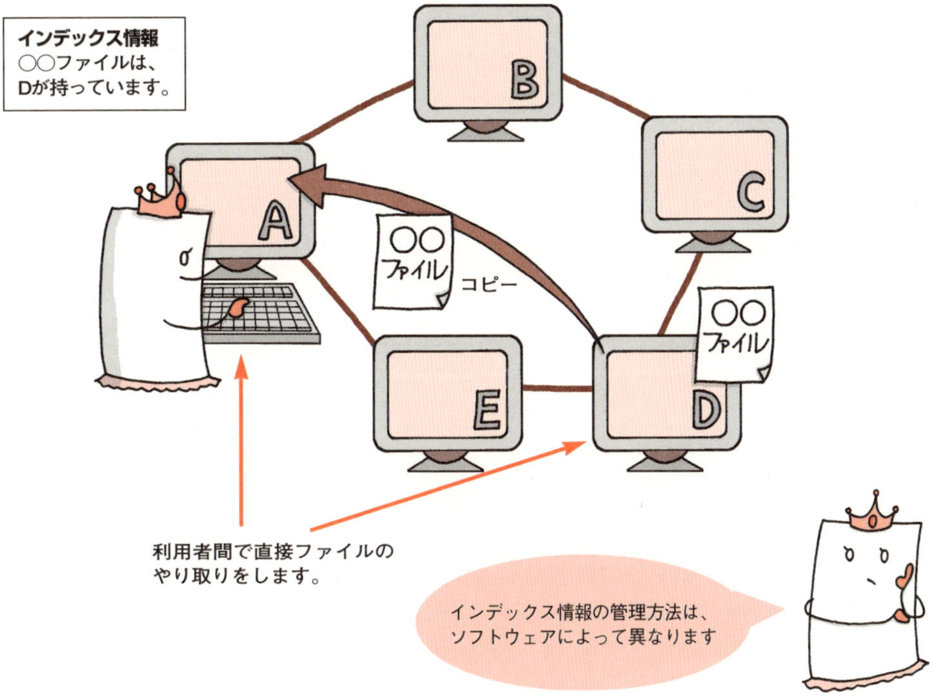

インデックス情報
○○ファイルは、
Dが持っています。
B
C
A
○○
ファイル
コピー
○○
ファイル
E
D
利用者間で直接ファイルのやり取りをします。
インデックス情報の管理方法は、ソフトウェアによって異なります

≫ファイル共有ソフトの問題

一見便利そうなファイル共有ソフトですが、違法なファイルのやり取りに使われたり、ウィルスに感染して情報が漏えいするといった問題も数多く発生しています。

公開中
あった!!
もらっちゃおう
見つけた!!
ラッキ〜
クックックッ…

違法なやり取り

秘 情報!
しおり

情報の漏えい

IP電話とIM

インターネットを活用して電話をかけたり、登録したメンバーにメッセージを送信したりするサービスを紹介します。

I IP電話

一般の電話回線ではなく、インターネットや独自のネットワークで通信する電話サービスを**IP電話**といいます。

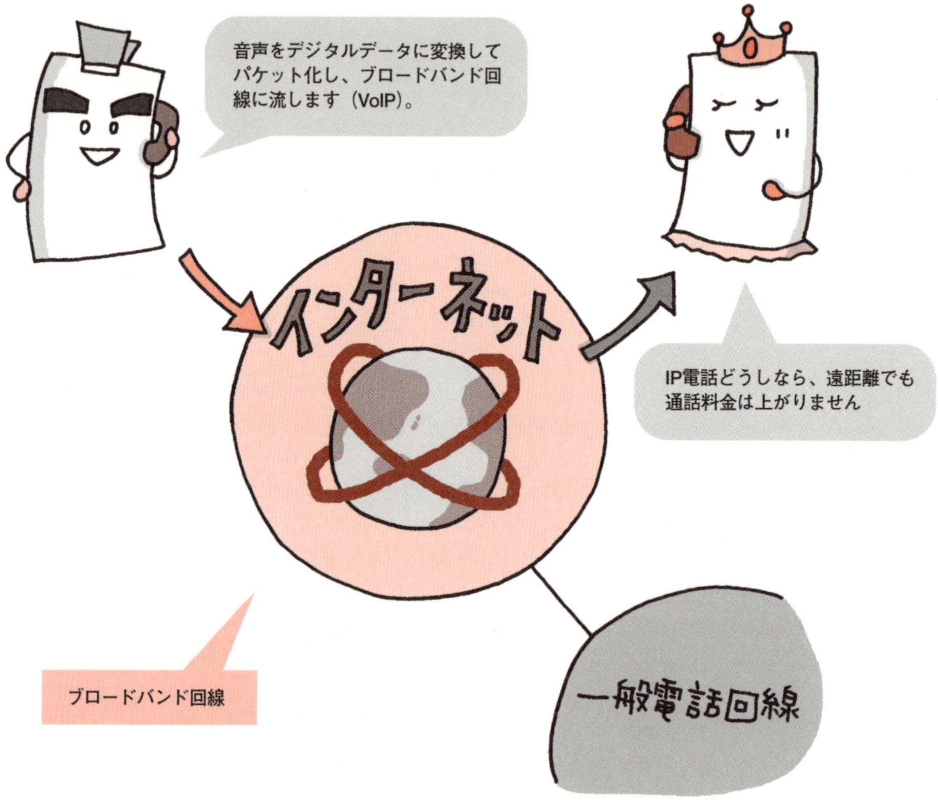
音声をデジタルデータに変換してパケット化し、ブロードバンド回線に流します（VoIP）。
インターネット
IP電話どうしなら、遠距離でも通話料金は上がりません
ブロードバンド回線
一般電話回線

電話機は、一般加入電話で使っていたのと同じものが使えます。

I インスタントメッセンジャー（IM）

あらかじめ登録した他のメンバーが通信できる状態かどうかを確認してその状態を表示し、リアルタイムで通信できるサービスです。

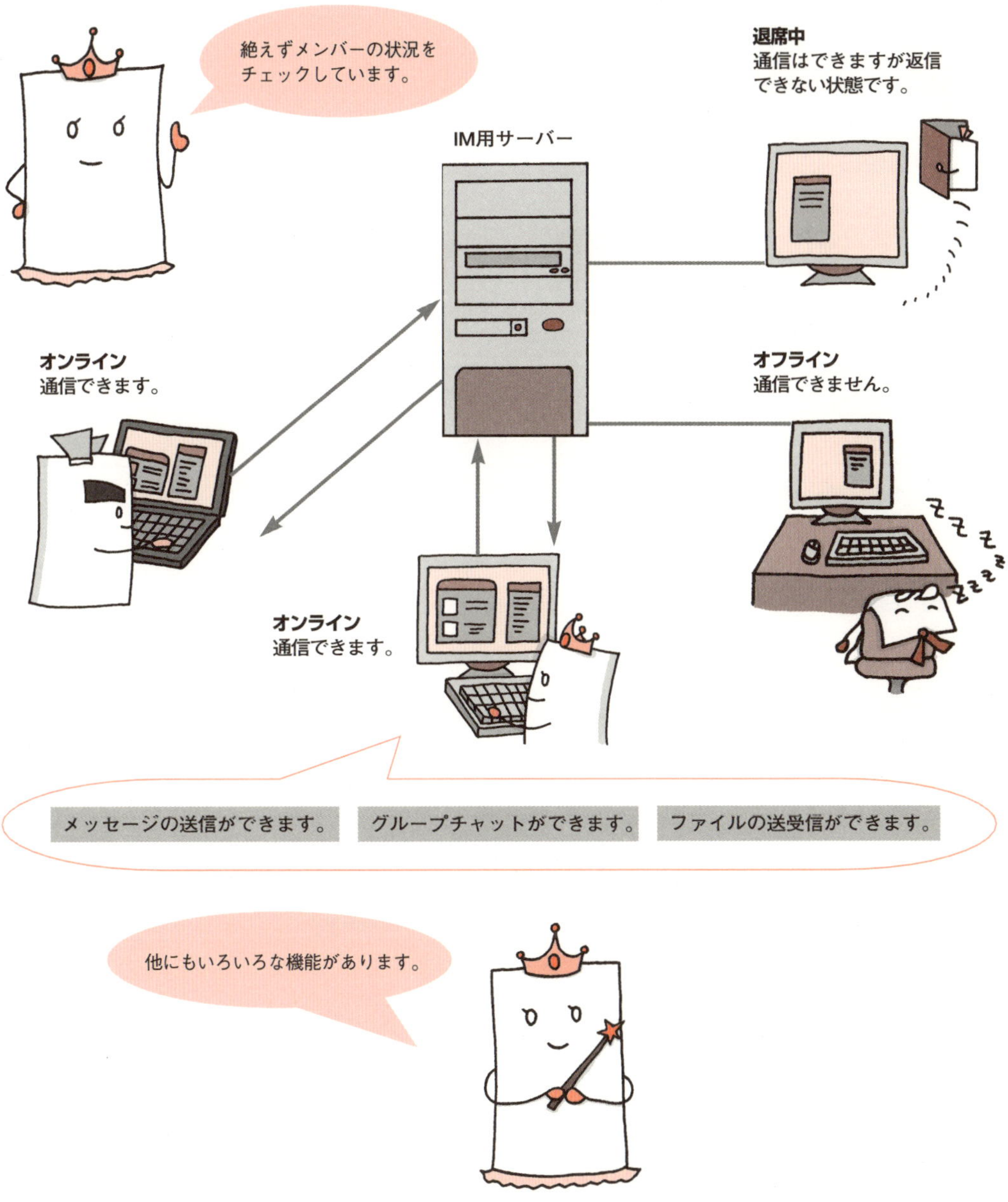

絶えずメンバーの状況をチェックしています。
退席中
通信はできますが返信できない状態です。
IM用サーバー
オンライン
通信できます。
オフライン
通信できません。
オンライン
通信できます。
メッセージの送信ができます。
グループチャットができます。
ファイルの送受信ができます。
他にもいろいろな機能があります。

Windows Live メッセンジャー、Yahoo! メッセンジャー、Googleトークなどが有名ですが、互換性が無いため異なるメッセンジャーどうしでは通信できません。

電子商取引

通信販売やチケットの予約など、インターネット上で商取引を行った経験はありませんか？ それが電子商取引です。

電子商取引

インターネットや専用線などのネットワークを介して商品やサービスの取引を行うことを、**電子商取引**（Electronic Commerce、EC、eコマース）といいます。

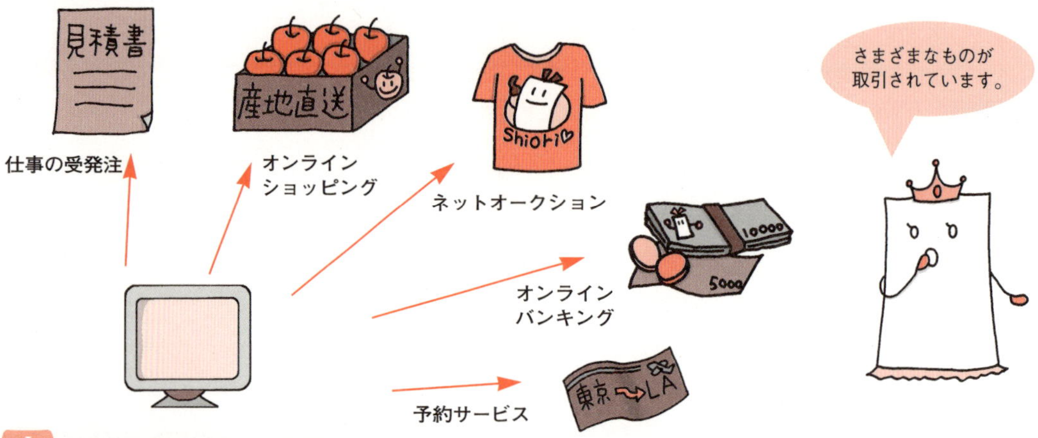

見積書
仕事の受発注
産地直送
オンライン
ショッピング
Shiori
ネットオークション
10000
5000
オンライン
バンキング
東京→LA
予約サービス
さまざまなものが
取引されています。

電子商取引の種類

電子商取引は、取引の形体によって大きく次の3つに分けられます。

≫**B to B**（Business to Business、企業間電子商取引）
企業間で行われる取引です。

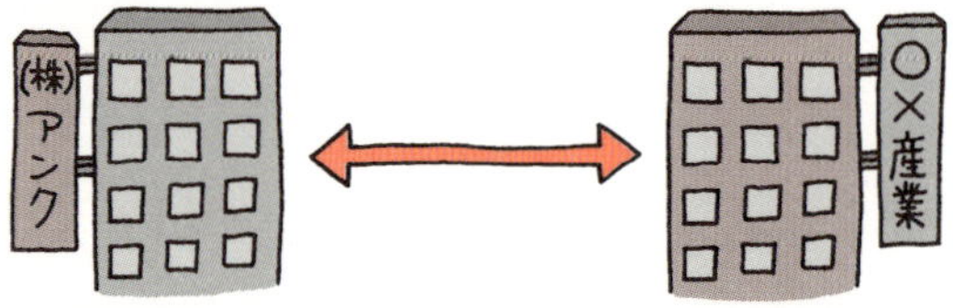

(株)アンク
○×産業

≫**B to C**（Business to Consumer、企業対消費者間取引）
企業と一般の消費者との間で行われる取引です。

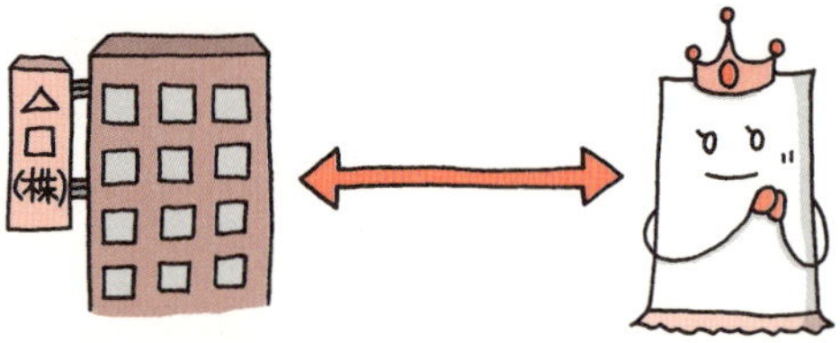

△□(株)

≫**C to C**（Consumer to Consumer、消費者間取引）

一般の消費者間で行われる取引です。

I 電子商取引のメリットと問題点

電子商取引は便利なサービスですが、サービスの提供者と利用者、どちらにもメリットと問題点があります。

	提供者	利用者
メリット	テナント料や人件費を抑えられる。 販売対象地域を広げられる。 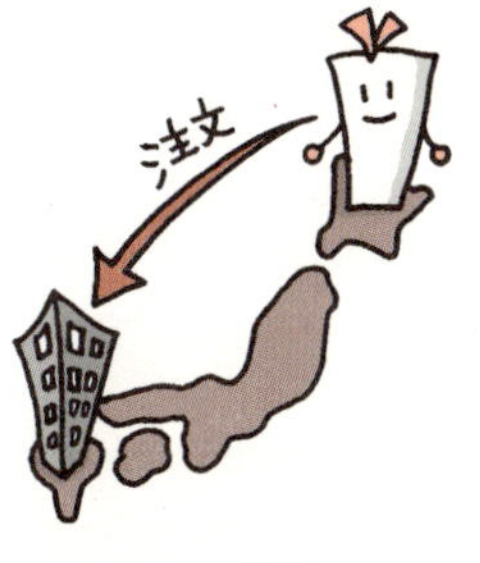 	好きなときに取引ができる。 外出が不要で遠隔地の相手とも取引できる。 
問題点	ネットワークやセキュリティの知識が必要。 	個人情報の漏えいや詐欺がないか心配。 

安全に取引を行うため、通信データの暗号化や認証が導入されています（p.144）

電子マネー

電子マネーを利用すると、現金を持たずに商品の購入ができるようになります。

電子マネーとは

電子マネーとは、日常利用している貨幣の価値を電子的なデータに置き換え、支払の手段として用いるものです。

電子マネーには、**ICチップ型**のものと**ネットワーク型**のものとがあります。

ICチップ型

専用のICチップを搭載したICカードに、貨幣価値のデータを記録して利用します。携帯電話に支払い機能をもたせたおサイフケータイも、ICチップ型の一種です。

非接触型ICカード
ICチップ
アンテナ
おサイフケータイ
ICチップを
内蔵しています。
おもに、ソニーのFelica（フェリカ）
という技術が使われています。

専用の端末に接触させて、データのやり取りをします。支払方法には、**プリペイド型**（前払い式）と**ポストペイ型**（後払い式）の2種類があります。

I ネットワーク型

ネットワーク上でのみ通用する貨幣の情報で、インターネット上で買い物をしたときに、支払いの手段として利用されます。

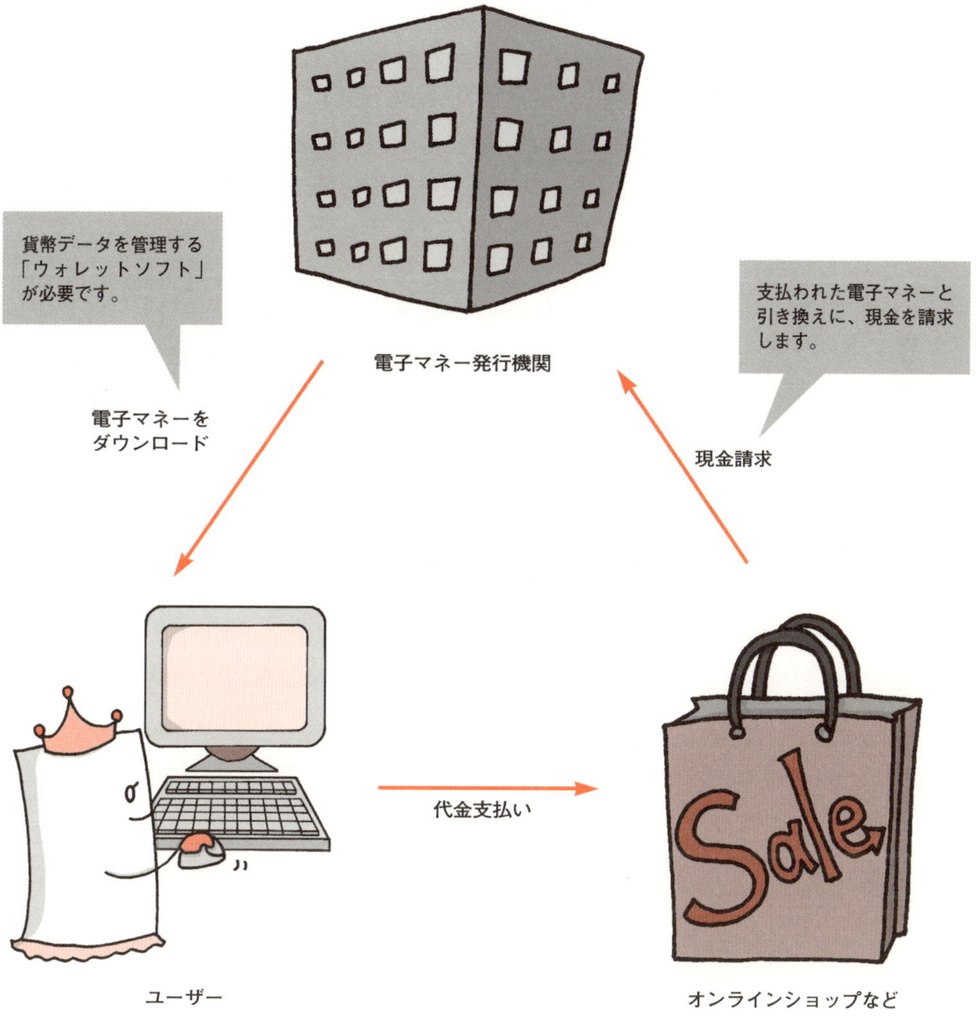
貨幣データを管理する「ウォレットソフト」が必要です。
電子マネー発行機関
支払われた電子マネーと引き換えに、現金を請求します。
電子マネーをダウンロード
現金請求
Sale
代金支払い
ユーザー
オンラインショップなど

インターネット広告

Webサイトやブログを見てまわっていると、必ずといいっていいほど広告に遭遇します。そのくらい普及しているシステムです。

インターネット広告

Webサイトやメールマガジンなどに掲載される広告を、**インターネット広告**といいます。通常、広告主のWebサイトへのリンクが貼られています。

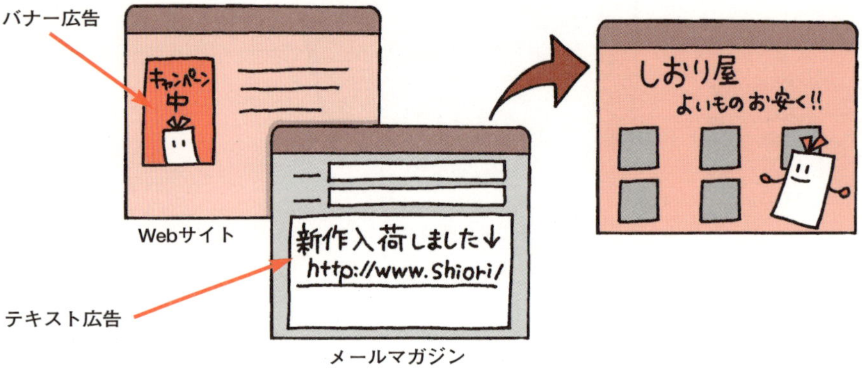

バナー広告
キャンペーン中
Webサイト
新作入荷しました↓
http://www.shiori/
テキスト広告
メールマガジン
しおり屋
よいものお安く!!

インターネット広告では、ユーザーによってクリックされた回数やリンク先のページが表示された回数に応じて広告主へ料金が支払われるしくみになっています。

ポップアップ広告

ポップアップ広告とは、あるWebページへアクセスしたときに、広告を表示するウィンドウが自動的に開くタイプの広告のことです。

3周年
サンクスフェア
開催中!
特設ページへ
タブブラウザでは、
一般的に新しいタブを
開いて表示します。

»ポップアップブロック

ポップアップはわずらわしく思われることも少なくなく、時には悪質なものもあります。そのため、ポップアップをブロックするツールも開発されています。

3周年記念セール中!! やすいよ!
ダメ!!
最近のWebブラウザは、この機能を最初から搭載しているものが多いです。

I アフィリエイト

アフィリエイトとは、他のWebサイトやメールマガジンなどに広告を掲載してもらい、その広告のリンクを経由して商品の購入につながった場合に、広告掲載元のサイト管理者へ報酬を支払うしくみです。

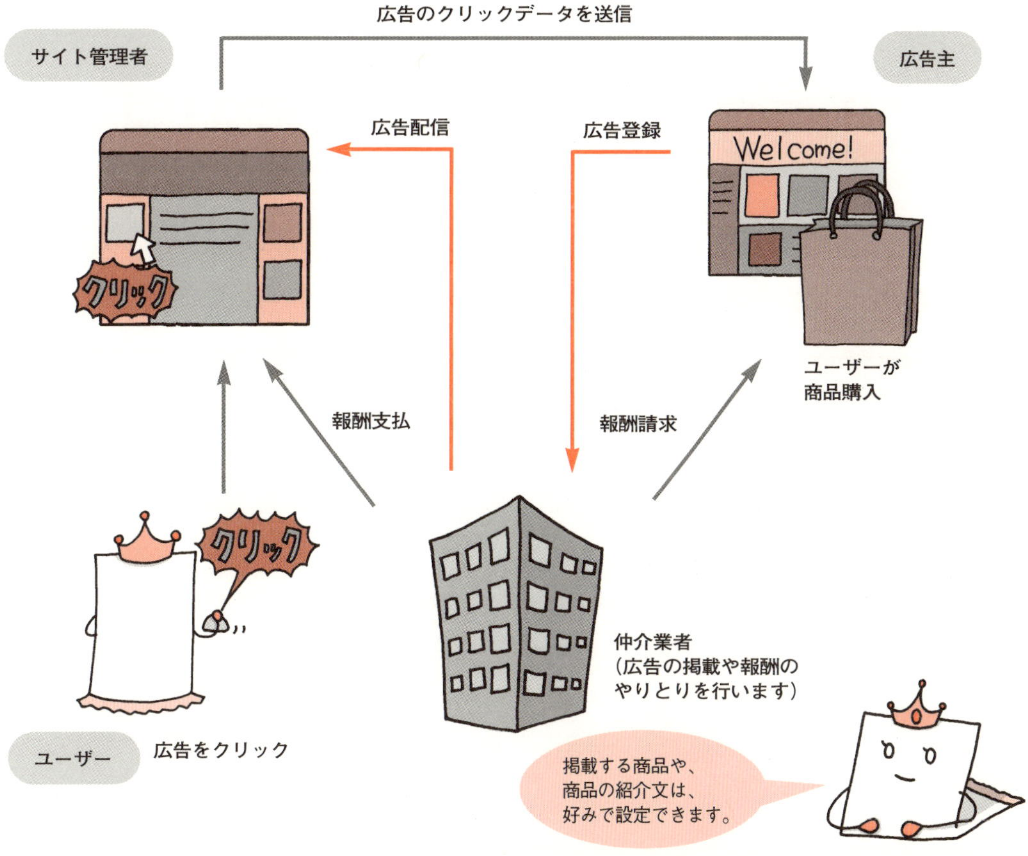
広告のクリックデータを送信
サイト管理者
広告主
広告配信
広告登録
Welcome!
クリック
ユーザーが商品購入
報酬支払
報酬請求
クリック
仲介業者（広告の掲載や報酬のやりとりを行います）
ユーザー
広告をクリック
掲載する商品や、商品の紹介文は、好みで設定できます。

COLUMN

コラム

～QRコード～

携帯電話が高機能化し、画面も大きくなったこともあり、携帯電話からWebページを閲覧する人が急増しました。ショッピング、オークション、掲示板、ブログなど以前ならパソコンからアクセスしていたサービスも、今では携帯電話で利用でき、企業も携帯電話へ向けたWebサービスに力を入れるようになっています。

QRコード

最近、携帯電話用URLとともに、もしくはその代わりに、正方形をした白黒模様のマークが記載されているのをよく見かけるようになりました。これはQRコードといって、2次元バーコードの一種です。1994年にデンソーの開発部門が開発した、日本生まれの技術です。

商品に付けられている従来のバーコードが横方向（1次元）にのみ情報を記録するのに対し、QRコードでは縦方向と横方向（2次元）に情報を記録します。これにより、同じ面積でも1次元のバーコードに比べて数十倍から数百倍の情報を記録できるようになったといわれています。また、数字だけでなく英字や漢字、仮名、記号なども記録できるので、さまざまな情報を扱えます。

QRコードでは、小さな正方形の点を縦横に同じ数だけ並べて情報を表現します。3隅には「切り出しシンボル」（位置検出パターン）が配置されていて、360度どの方向から読み取っても正確に情報が読み取れるようになっています。コードの一部に汚れや破損があっても、データを復元して読み取れる、誤り訂正機能も持っています。

QRコードは、カメラ付き携帯電話にQRコードの読み取り機能が搭載されたことで急速に普及しました。携帯電話向けの情報のなかでも、URLを記録して特定のWebサイトへ誘導する方法として多用されています。その他には、連絡先（氏名、電話番号、メールアドレスなど）を記録してアドレス帳への登録を簡単にしたり、任意のテキストを記録したりするときにも利用されます。

Sweets of Life
（http://www.sweetsoflife.jp/）
を表現しています。

ネットワーク構成

第6章は ここがkey!

Topics データをやり取りするしくみ

第6章では、コンピュータネットワーク全体に視野を広げましょう。ここでは主にコンピュータをインターネットに接続し、データをやり取りするためのしくみを見てみます。

これまでの章で、Webサーバー、メールサーバー、FTPサーバーといったいくつかのサーバーが登場しました。このように、コンピュータネットワークではサービスごとにサーバーが用意され、それぞれがクライアントとのやり取りを担当しています。こういった接続方法を**クライアント-サーバー型**といい、インターネット上では一般的な接続方法です。一方、サーバーを必要としない、**ピアツーピア型**の接続方法もあります。ピアツーピア型では、やり取りに応じて各コンピュータがサーバーとして動作したり、クライアントとして動作します。

ところで、種類の異なる世界中のコンピュータどうしで通信を行うためには、通信に関する共通の決まりごと、つまり**プロトコル**が必要だということを、第1章で簡単に触れました。本章では、そのプロトコルをもう少し詳しく説明します。インターネットで使われるのは、**TCP/IP**というプロトコルです。ぱっと見たところ1つのプロトコルのようです。しかし、データのやり取りの複雑な作業に対応するため、実際は複数のプロトコルから成り立っています。そのうちの中心となるプロトコルが「TCP」と「IP」なのです。これら個別のプロトコルと区別するために、全体を指してTCP/IPプロトコル群ということもあります。

無事にやり取りができるようになっても、データをやり取りする相手がどこにいるのかわからなくては困りますね。インターネット上では、**IPアドレス**を使ってコンピュータを識別します。これはちょうどコンピュータの住所にあたります。ただし、数字が並んでいるだけの住所なので、人間には覚えづらいという短所があります。そこで考え出されたのが、IPアドレスを「www.ank.co.jp」「www.shoeisha.co.jp」のように人間にわかる半角英数字で置き換える、**ドメイン**というしくみです。IPアドレスとドメインは、**DNS**（Domain《ドメイン》 Name《ネーム》 System《システム》）によって対応させられています。

ネットワークに接続するには？

ネットワークに接続するときには、ハードウェア面でも専用の機器をいくつか用意しなくてはなりません。主なものは、**NIC**（ネットワークインターフェースカード）と**ケーブル**、**ハブ**、**ルーター**などです。このうち、ハブは複数のケーブルに流れる信号を1つにしたり、逆に1つの信号を分岐させたりするための機器、ルーターは異なるネットワーク間をつなぐための機器です。ネットワークを利用するまであまり意識しなかった機器かもしれません。

実際にネットワークを組むことになると、もっと多くの知識や機器が必要になりますが、まずはこうした基本のところから知識を広げていきましょう。

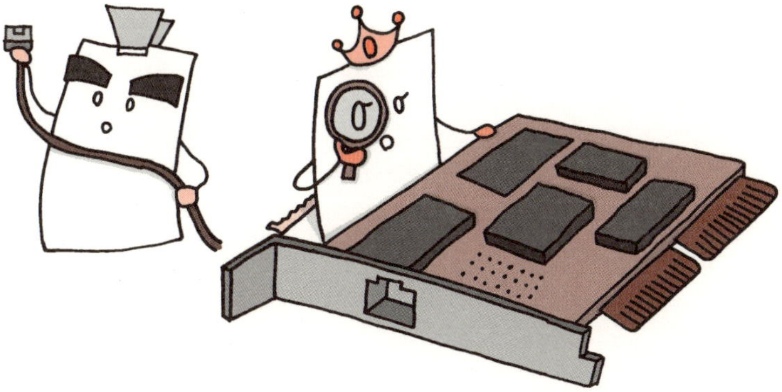

ネットワークの全体図

コンピュータネットワークは、コンピュータのつなぎ方によって大きく2つに分けることができます。

I コンピュータネットワークの種類

コンピュータネットワークの接続方法には、大きく分けて**ピアツーピア型**と、**クライアント-サーバー型**とがあります。

≫クライアント-サーバー（client-server）型

接続されたコンピュータ間で、サービスを提供する側（サーバー）と、サービスを利用する側（クライアント）という役割がはっきりと分かれているネットワークです。

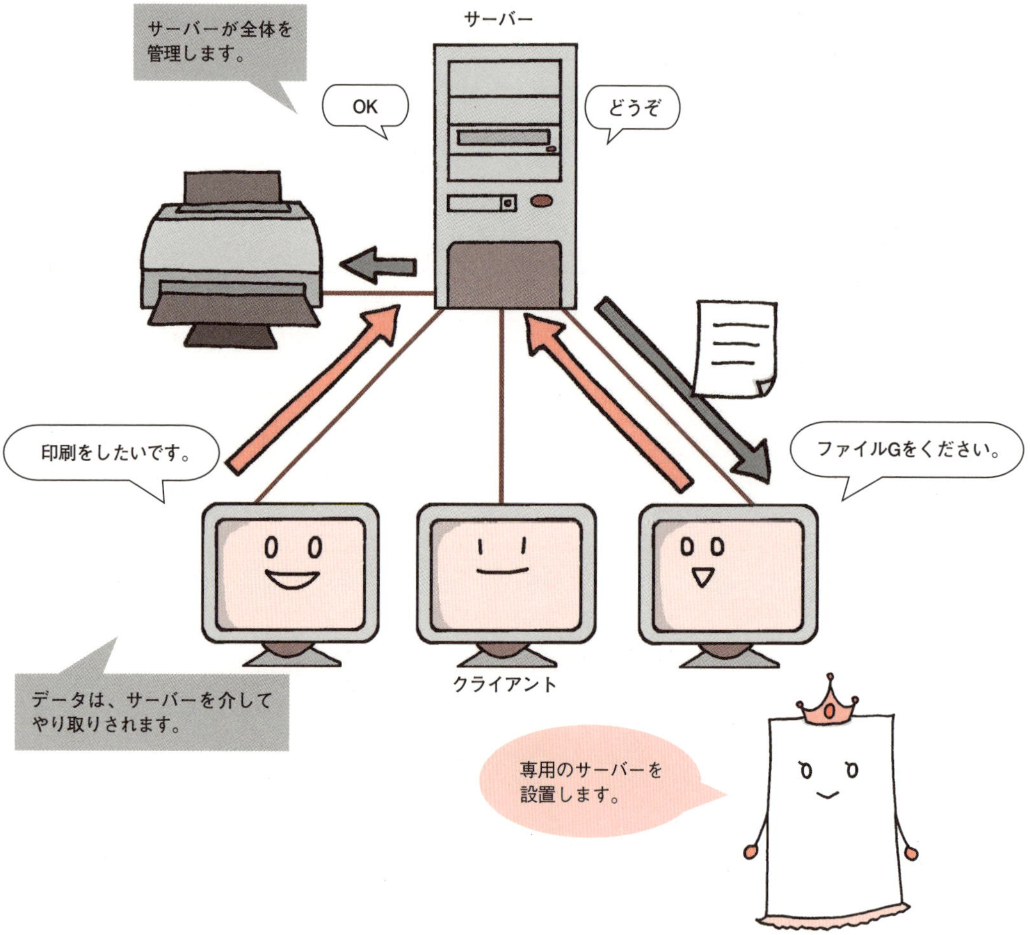

サーバーが全体を
管理します。
サーバー
OK
どうぞ
印刷をしたいです。
ファイルGをください。
クライアント
データは、サーバーを介して
やり取りされます。
専用のサーバーを
設置します。

≫ピアツーピア（peer to peer）型

コンピュータどうしが対等の関係で通信を行うネットワークです。コンピュータの間にサーバー、クライアントといった明確な区別はありません。

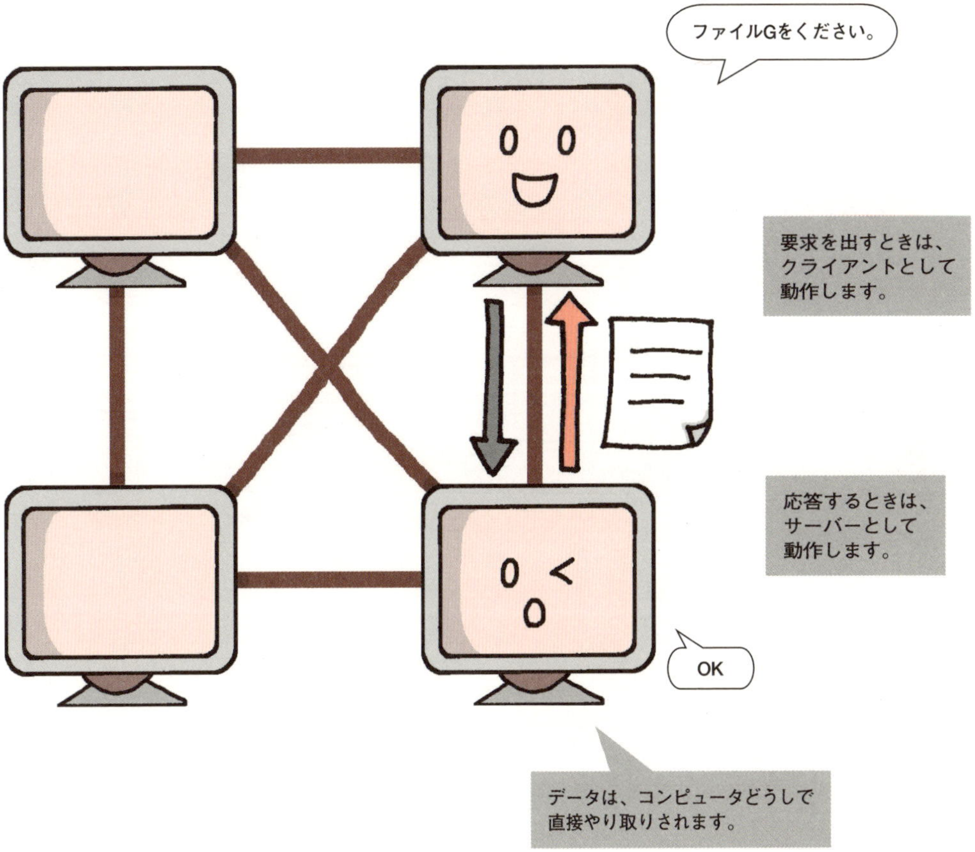

ファイルGをください。
要求を出すときは、クライアントとして動作します。
応答するときは、サーバーとして動作します。
OK
データは、コンピュータどうしで直接やり取りされます。

Winnyなどファイル共有ソフトによるやり取りでよく利用される接続方法です（p.93）。

さまざまなサーバー

サーバーという言葉はすでに何度も出てきていますが、ここでその意味と働きを確認しておきましょう。

サーバーの種類

提供するサービスによって、さまざまなサーバーが存在します。

Webサーバー
Web用の情報を保存し、ブラウザからの要求に応じて情報を返信します。

メールサーバー
メールを受信して保管したり、ほかのメールサーバーへの送信や転送をします。

FTPサーバー
ファイルのアップロードや、保管されているファイルのダウンロードに応じます。

ほかにも、アプリケーションサーバー、DNSサーバー、ゲートウェイサーバーをはじめ、たくさんの種類のサーバーがあります

サーバーソフト

コンピュータをサーバーとして利用するには、**サーバーソフト**とよばれる専用のソフトウェアをインストールします。

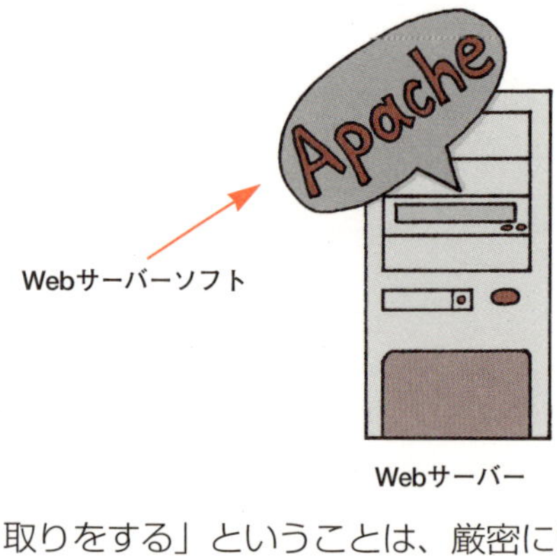

Webサーバー

「サーバーとやり取りをする」ということは、厳密には「コンピュータの中にある、サーバー機能をもったプログラムとやり取りをする」ということになります。

1台何役？？

サーバーは、サービスを提供する機能を持ったプログラムであり、クライアントはサービスを要求して、ユーザーにわかる形で表示する機能を持ったプログラムです。2つのプログラムのやり取りによって、いろいろな通信サービスが成り立っているのです。

WWWサーバー
プログラム
IIS
Apache など
WWWクライアント
プログラム
Internet Explorer
Firefox、Safariなど
同じサービスを担当する
プログラムどうしで
やり取りします。
メールサーバー
プログラム
Exchange Server
Postfix
qmail など
メールクライアント
プログラム
Windows Live Mail
Outlook など

たとえば、1台のコンピュータが電子メールサービスを提供する機能と、WWWサービスを提供する機能を持っている場合、「WWWサーバーであると同時にメールサーバーでもある」ということになります。

サーバー
このように、1台で
2役以上をこなすこ
とも多いです。
Webサーバーソフト
メールサーバーソフト
Webページ
電子メール
クライアント

TCP/IPプロトコル

さまざまなコンピュータ間でデータをやり取りするには、そのためのしくみが必要です。TCP/IPはそんなしくみのひとつです。

データのやり取りは難しい

コンピュータどうしがデータをやり取り（送受信）するときには、機種や通信方式といった、さまざまな違いが問題になります。そのため、違いに左右されずにやり取りする方法が必要です。

あれ？
送れないや。
データが
受け取れないなぁ。
データ、
来ないなぁ。

通信プロトコル

コンピュータ間でデータをやり取りするための共通の決まりごとを作れば、個々の違いに関係なくデータをやり取りすることができます。この決まりごとのことを**プロトコル**といいます。

やり取りの順番や対応
などが、細かく決めら
れています。
これを守れば通信できる
『プロトコル』
・送信するデータの形式
・データが送られていく経路
・送受信中に問題が
起きた時の対処法 etc
通信方式や通信規約
ともよばれます。

I TCP/IP

もしも世界共通の通信プロトコルがあったら、そのプロトコルさえ使っていればどんなコンピュータどうしでもやり取りできるようになります。現在、全世界共通の通信プロトコルとして利用されているのがTCP/IPです。

TcP/IP
共通の形になります。
送信したいデータを渡します。
インターネットで採用されているプロトコルです。
共通の形なので受け取れます。
TcP/IP
TcP/IP
受信側で扱える形になります。

IPアドレス

IPアドレスとは、その名のとおり、IPが送信先を判断するために利用する「コンピュータの住所」です。

I IPアドレス

IPアドレスは、ネットワーク上の機器を区別するための番号です。32桁のビット列（0または1の数字）からなり、基本的には次のような構造になっています。

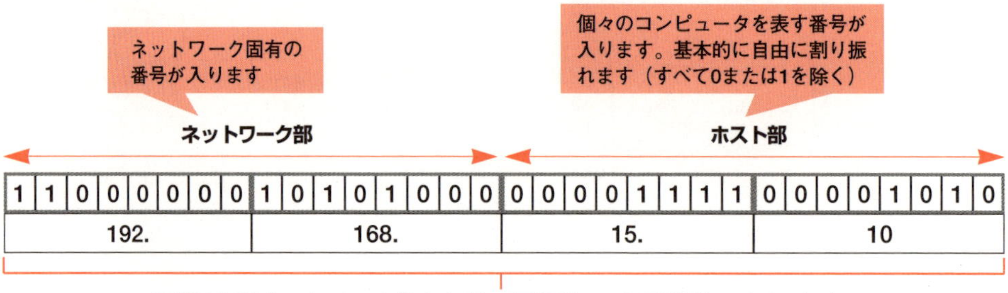

ネットワーク固有の番号が入ります
個々のコンピュータを表す番号が入ります。基本的に自由に割り振れます（すべて0または1を除く）
ネットワーク部
ホスト部
1 1 0 0 0 0 0 0 1 0 1 0 1 0 0 0 0 0 0 0 1 1 1 1 0 0 0 0 1 0 1 0
192.
168.
15.
10

通常は8ビットずつピリオドで区切り、10進数で表します。

同じネットワーク内なら、ネットワーク部は同じです。

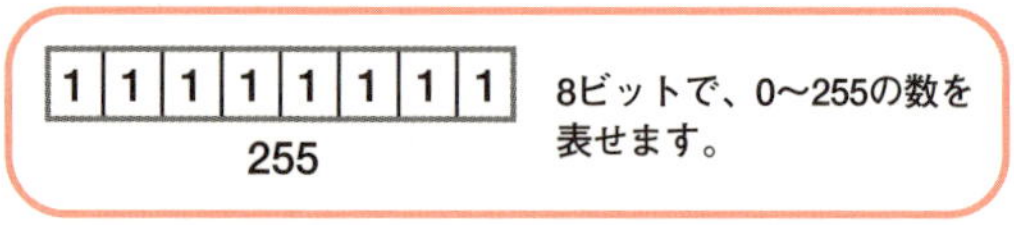

1 1 1 1 1 1 1 1
255
8ビットで、0～255の数を表せます。

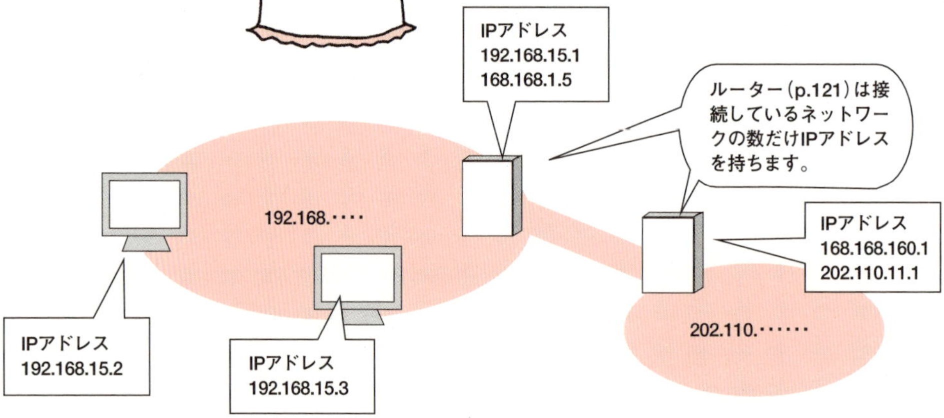

IPアドレス
192.168.15.1
168.168.1.5
ルーター（p.121）は接続しているネットワークの数だけIPアドレスを持ちます。
192.168.・・・・
IPアドレス
168.168.160.1
202.110.11.1
202.110.・・・・・・
IPアドレス
192.168.15.2
IPアドレス
192.168.15.3

まったく同じアドレスを持つコンピュータが複数台存在したら、「コンピュータを特定する」という目的は果たせません。そこで番号の重複を防ぐために、**ICANN《アイキャン》**という機関が中心となって世界中のIPアドレスを管理しています。

I IPアドレスの設定

IPアドレスの設定には、固定で割り振る方法と、必要なときだけ自動的に割り振る方法があります

»固定のIPアドレスを割り振る

各コンピュータに固定のIPアドレスを割り振る場合、個別に設定しなければなりません。

192.168.xx.6
192.168.xx.7
192.168.xx.5
大きなネットワークだと、
管理が大変そうです。

»自動的に割り振る

必要なときだけ自動的にIPアドレスを割り振るプロトコル、**DHCP**（Dynamic Host《ダイナミック ホスト》 Configuration Protocol《コンフィギュレーション プロトコル》）を使う方法もあります。これなら、ネットワークに接続すると同時に必要な設定が自動的に行われます。

IPアドレスを
貸してください。
これを使って。
終わったら回収
しますね。
192.168.xx.5

DHCPクライアント
DHCPサーバーにIPアドレスを要求し、一時的に割り振ってもらいます。

DHCPサーバー
クライアントからの要求に応じて、IPアドレスを貸し出したり、必要な情報を提供したりします。

LAN内のアドレス

社内LANなど、限られたネットワーク内だけで使えるIPアドレスもあります。

I プライベートアドレス

車内や家庭内など、限られたネットワークの中だけで有効なIPアドレスを**プライベートアドレス**といいます。P.112で紹介したIPアドレス（**グローバルアドレス**）は重複できないのに対して、プライベートアドレスはネットワークが異なれば重複しても問題ありません。

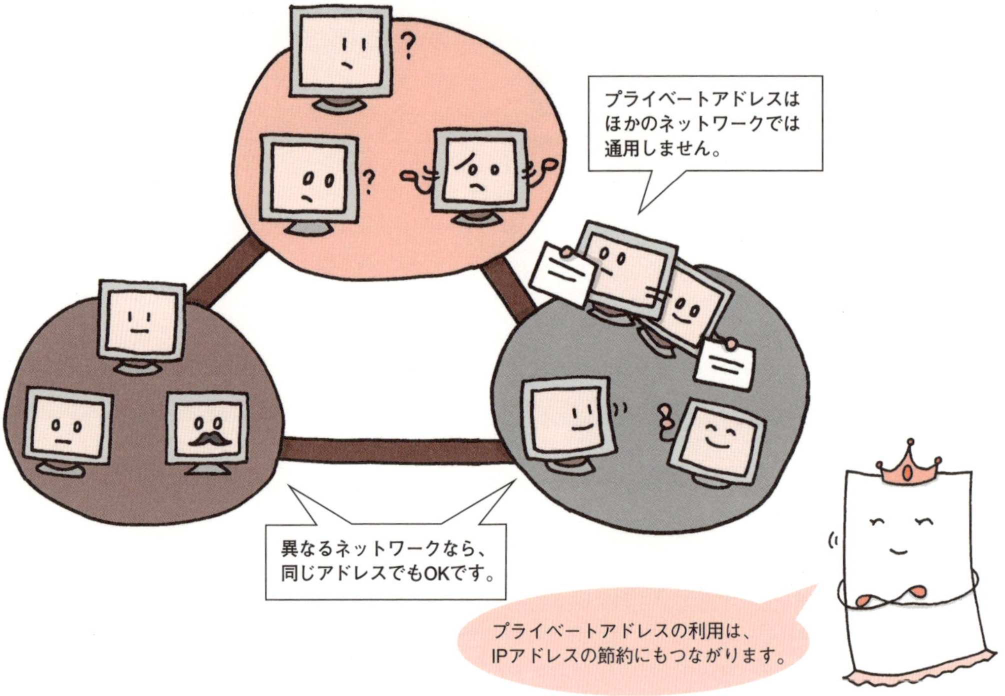
プライベートアドレスはほかのネットワークでは通用しません。
異なるネットワークなら、同じアドレスでもOKです。
プライベートアドレスの利用は、IPアドレスの節約にもつながります。

プライベートアドレスは、次の範囲から選ぶように決まっています。

192.168.0.0〜192.168.255.255
10.0.0.0〜10.255.255.255
172.16.0.0〜172.31.255.255

この範囲内のアドレスはグローバルアドレスとしては使えません。

I プライベートをグローバルに

プライベートアドレスではインターネットに接続できないため、次のようなしくみを利用します。ほとんどのルーターには、これらの機能がついています。

»NAT《ナット》（Network《ネットワーク》 Address《アドレス》 Translation《トランスレーション》）

プライベートアドレスとグローバルアドレスを1対1で対応させて変換するしくみです。確保しているグローバルアドレスの数までなら、複数のコンピュータを同時にインターネットへ接続できます。

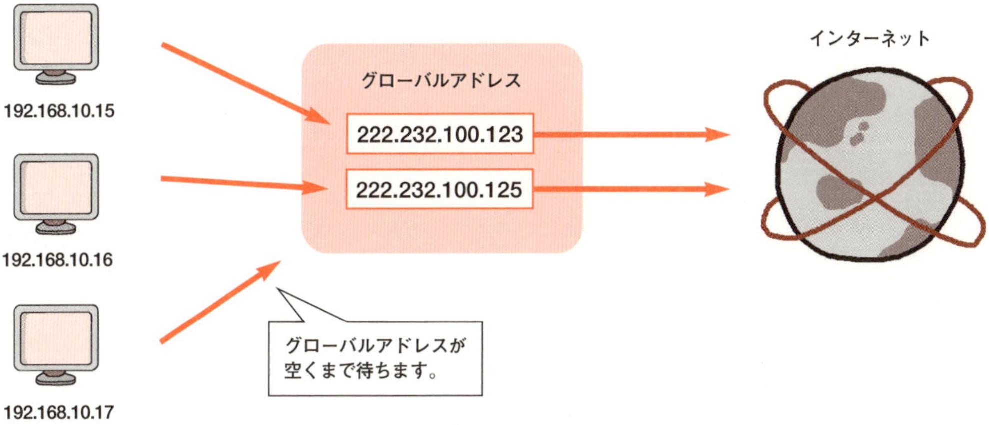
192.168.10.15
192.168.10.16
192.168.10.17
グローバルアドレス
222.232.100.123
222.232.100.125
グローバルアドレスが
空くまで待ちます。
インターネット

»NAPT《ナプト》（Network《ネットワーク》 Address《アドレス》 Ports《ポート》 Translator《トランスレーション》）

1つのグローバルアドレスを使って、複数のコンピュータを同時に接続できるしくみです。ポート番号によって個々のコンピュータを識別するので、同じグローバルアドレスを同時に使うことができます。

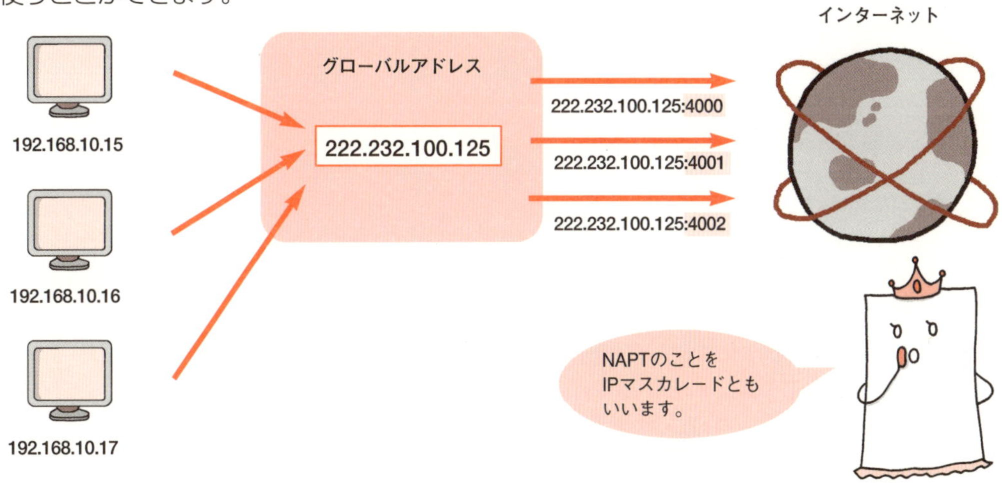
192.168.10.15
192.168.10.16
192.168.10.17
グローバルアドレス
222.232.100.125
222.232.100.125:4000
222.232.100.125:4001
222.232.100.125:4002
インターネット
NAPTのことを
IPマスカレードとも
いいます。

ドメイン

コンピュータの住所はIPアドレスで示されますが、数字の列では覚えづらいですね。

I ドメイン

ドメイン（**ドメイン名**）とは、人間が覚えやすいようにIPアドレスを英数字の文字列に置き換えたものです。次のような構造になっています。

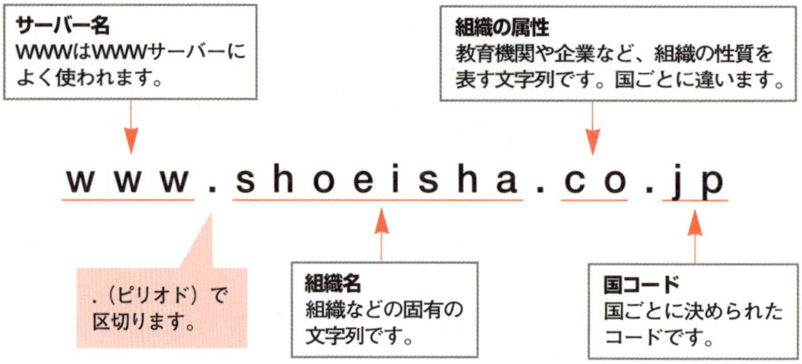

サーバー名
WWWはWWWサーバーによく使われます。
組織の属性
教育機関や企業など、組織の性質を表す文字列です。国ごとに違います。
www.shoeisha.co.jp
.（ピリオド）で区切ります。
組織名
組織などの固有の文字列です。
国コード
国ごとに決められたコードです。

このドメインが示すのは「日本の企業である翔泳社のWWWサーバー」です。階層構造になっており、後ろにいくほどグループの規模は大きくなります。

英語表記の住所のようですね。

I gTLD

「com」や「org」など、国に関係なく利用できるドメインを**gTLD**（**generic《ジェネリック》 Top《トップ》 Level《レベル》 Domain《ドメイン》**）といいます。gTLDを利用する場合、国コードは不要になります。一方、国コードに基づいて、国別に決められているドメイン（「.jp」など）を**ccTLD**（country code Top Level Domain）といいます。

この意味どおりの立場でなくても、取得は可能です。

主なgTLD	意味
com	「commercial」の略で、商業用です。
org	「organization」の略で、非営利団体用です。
net	「network」の略で、ネットワーク関連の企業用です。
biz	「business」の略で、ビジネス用です。
info	「information」の略で、情報サービス関連の企業用です

URLの意味

ドメイン名の含まれるよい例がURLです。p.23のURLを例に、URLの構造を詳しく見てみましょう。

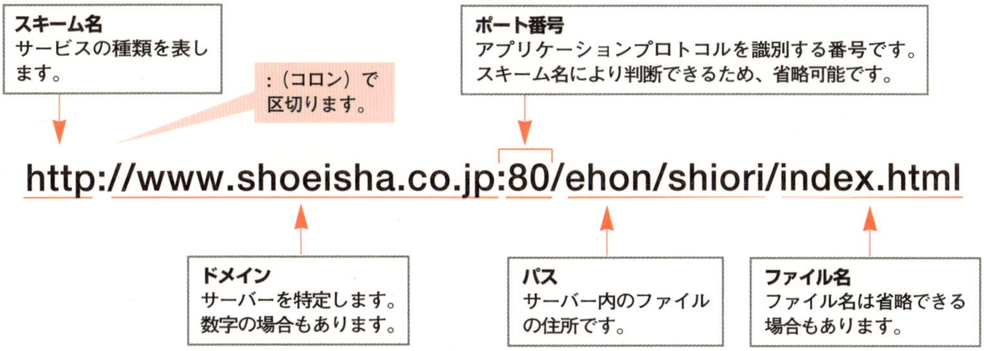

スキーム名
サービスの種類を表します。
:（コロン）で区切ります。
ポート番号
アプリケーションプロトコルを識別する番号です。スキーム名により判断できるため、省略可能です。
http://www.shoeisha.co.jp:80/ehon/shiori/index.html
ドメイン
サーバーを特定します。数字の場合もあります。
パス
サーバー内のファイルの住所です。
ファイル名
ファイル名は省略できる場合もあります。

このように記述することで、「翔泳社のWWWサーバー内の『ehon』フォルダにある、『shiori』フォルダの中のindexファイル」を示しています。

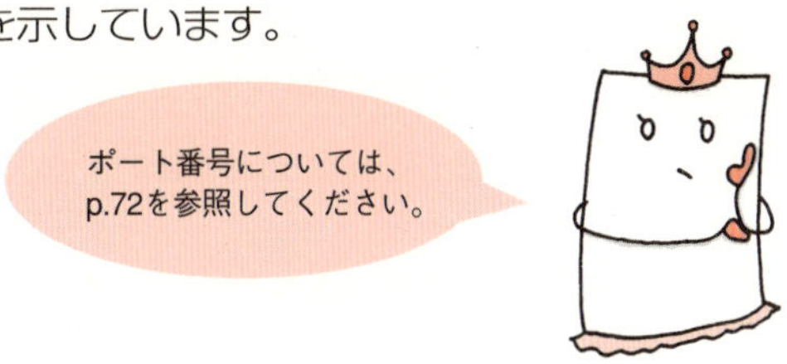

ポート番号については、p.72を参照してください。

スキーム

スキーム名はサービスを表しており、http、ftp、mailto、telnetなどがあります。

スキーム名	サービスの種類
http	WWW
ftp	ファイル転送
mailto	電子メール
telnet	遠隔ログイン

URLは、WWW以外のサービスでも利用されています。

DNS

IPアドレスとドメインを対応させるサービスを、**DNS（Domain《ドメイン》 Name《ネーム》 System《システム》）**といいます。

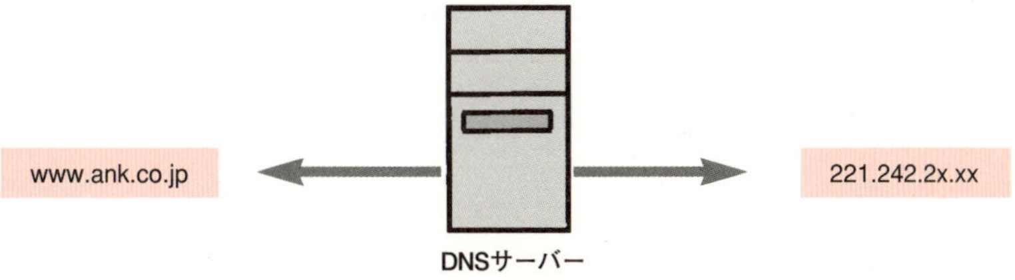

www.ank.co.jp
221.242.2x.xx
DNSサーバー

ネットワークインターフェース

コンピュータどうしをつないでデータのやり取りをしようと思ったら、ハードウェアの面ではまずNICとケーブルが必要です。

NIC

コンピュータからネットワークへの玄関口となるのが、**ネットワークインターフェースカード**（**NIC**）という機器です。ネットワークカード、ネットワークアダプタ、LANカードなどとも呼ばれます。すべてのデータはNICを通してコンピュータに出入りします。

NIC
信号に変換して
送受信します。

MACアドレス

すべてのNICには、**MAC**（Media Access Control）**アドレス**という固有の番号が割り振られています。IPアドレスはデータの「最終目的地」を示すのに対し、MACアドレスはデータが転送されていく「経由地」を示します。

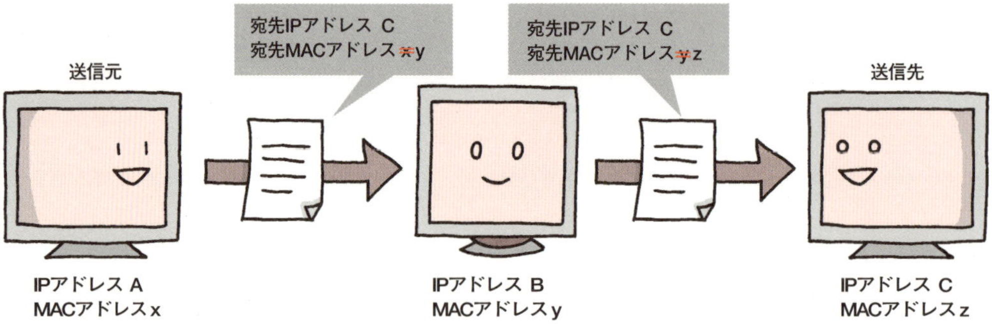

宛先IPアドレス C
宛先MACアドレス ~~x~~y
宛先IPアドレス C
宛先MACアドレス ~~y~~z
送信元
送信先
IPアドレス A
MACアドレスx
IPアドレス B
MACアドレスy
IPアドレス C
MACアドレスz

MACアドレスの表記例
67:89:ab:cd:ef:01
67- 89-ab-cd-ef-01

製品の出荷時に
割り振られるので、
変更できません。

I 有線と無線の通信

通信の方法には、有線と無線とがあります。

有線通信
コンピュータやネットワーク機器をケーブルでつなぎ、データのやり取りをする方法です。

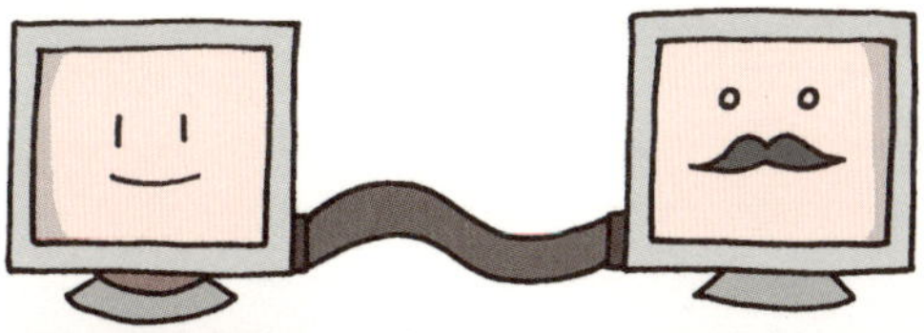

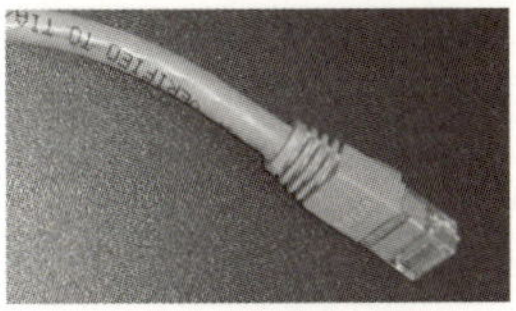

ツイストペアケーブル

コネクタのかたち

NIC

ノートパソコンのLANケーブル差し込み口

無線通信
コンピュータやネットワーク機器間でのデータのやり取りに、電波や光を使用する方法です。

代表的な規格には、
・IEEE802.11シリーズ
（無線LANで主流）
・Bluetooth
（周辺機器の通信用）
・赤外線
（PC間や周辺機器の通信用）
などがあります。

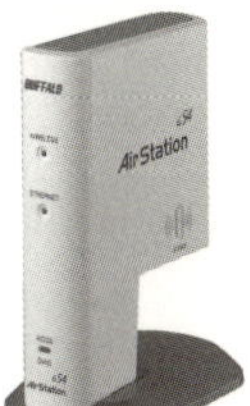

無線LAN親機

無線LAN子機

ネットワーク構成

ネットワークといってもその構成はさまざまですが、ここでは代表的な構成を紹介します。

I 基本的なつなぎかた

会社などで利用されるLANを例に、コンピュータの基本的なつなぎかたを見てみましょう。

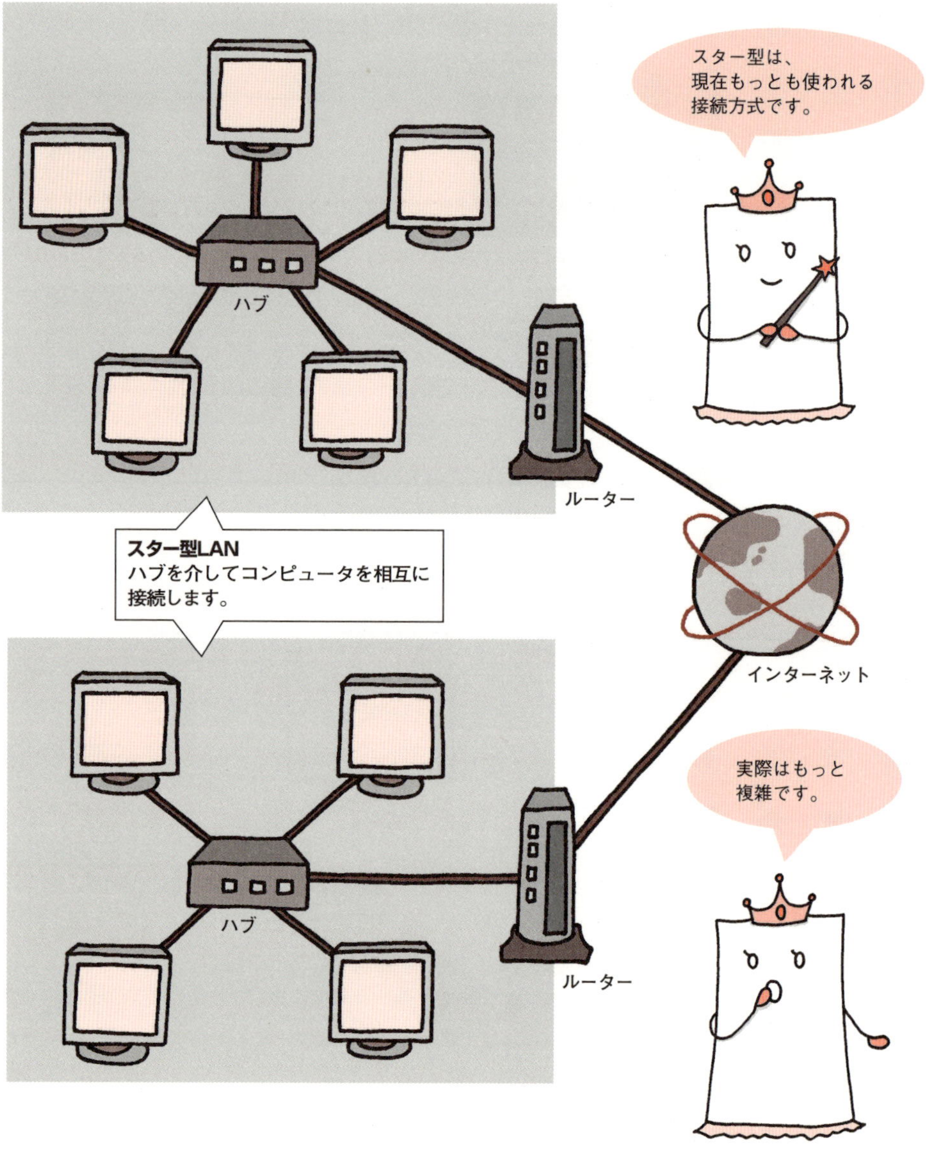

スター型は、
現在もっとも使われる
接続方式です。
ハブ
ルーター
インターネット
スター型LAN
ハブを介してコンピュータを相互に
接続します。
実際はもっと
複雑です。
ハブ
ルーター

ハブ

ネットワーク上でケーブルを、分岐・合流させるための機器を**ハブ**といいます。通常、受け取った信号を補正・増幅し、他のケーブルに送り出します。

集線装置ともいいます。

ルーター

ルーターは、異なるネットワーク間をつないで、データが宛先に届くまでの道案内をする機器です。このとき、ルーターが行う宛先までの経路決定を**ルーティング**といいます。

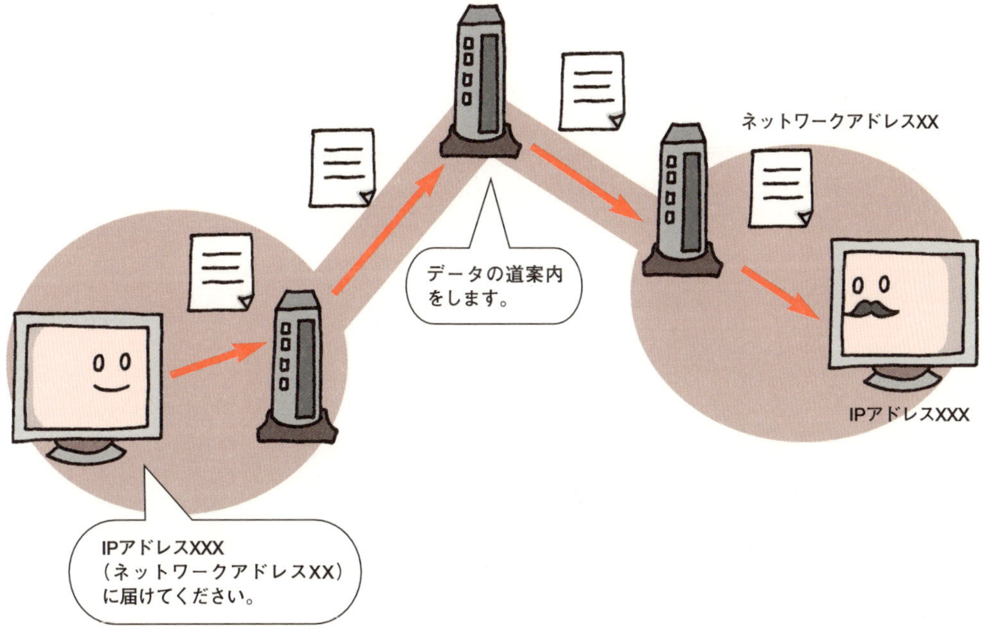
ネットワークアドレスXX
データの道案内をします。
IPアドレスXXX
IPアドレスXXX（ネットワークアドレスXX）に届けてください。

COLUMN

コラム

～IPアドレスについて～

特別な意味をもつIPアドレス

IPアドレスには、すでに用途が決められてコンピュータのアドレスに使用できないものがあります。

- **ホスト部がすべて1**
  同じネットワーク内のすべてのコンピュータに向けてデータを送信する、ブロードキャストアドレスとして使用します。
- **ホスト部がすべて0**
  そのネットワーク自体を表すネットワークアドレスとして使用します。
- **127から始まるアドレス**
  自分自身にデータを送る、ループバックアドレスとして使用します。このアドレスに向けて送信したデータは、コンピュータの外部には出ず、自分自身に返ってきます。

自分のIPアドレスを調べる方法

自分のコンピュータの接続情報を調べる方法を、Windows Vistaの場合を例に紹介します。[コントロールパネル] - [ネットワークの状態とタスクの表示] - [ネットワークと共有センター] 画面の [状態の表示] - [ローカルエリア接続の状態] 画面の [詳細] と順にクリックします。そうすると次のような [ネットワーク接続の詳細] 画面が開きます。

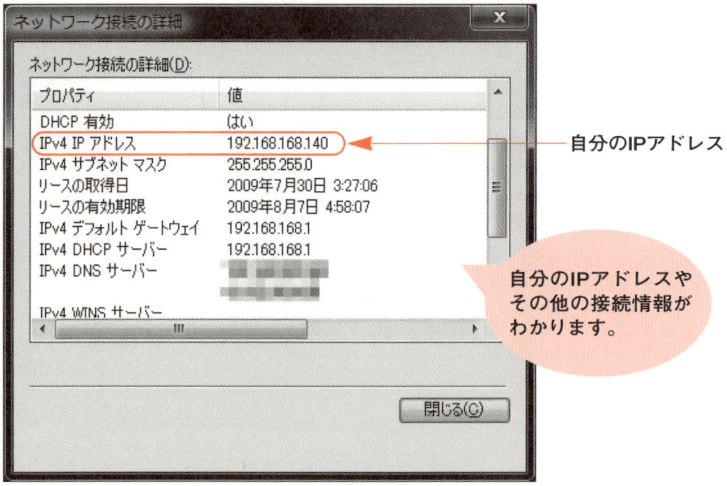
ネットワーク接続の詳細
ネットワーク接続の詳細(D):
プロパティ
値
DHCP 有効
はい
IPv4 IP アドレス
192.168.168.140
IPv4 サブネット マスク
255.255.255.0
リースの取得日
2009年7月30日 3:27:06
リースの有効期限
2009年8月7日 4:58:07
IPv4 デフォルト ゲートウェイ
192.168.168.1
IPv4 DHCP サーバー
192.168.168.1
IPv4 DNS サーバー
IPv4 WINS サーバー
閉じる(C)
自分のIPアドレス
自分のIPアドレスやその他の接続情報がわかります。

第7章

サーバーサイド技術

第7章は ここがkey!

Topics 静的なWebページと動的なWebページ

さて、本章で扱うのはサーバーサイドの技術です。サーバーサイドとはつまり、サーバー側で処理を行う技術という意味です。

Webサーバーは、Webブラウザからの要求があるとあらかじめ用意されているHTMLファイルを返し、Webブラウザはそれを解釈してWebページを表示します。アクセスするたびに同じページが表示され、変化はありません。このように表示されるWebページを**静的なページ**といいます。

しかし、掲示板やアンケートページなどはどうでしょうか。フォーム（内容を入力する欄やチェックボックス）があり、これらに文字を入力したり、チェックしたりして送信ボタンをクリックすると、入力した内容によってWebページの表示が変わりますね。このようなページの作成には、**CGI**（Common《コモン》 Gateway《ゲートウェイ》 Interface《インターフェース》）や**サーバーサイドスクリプト**などのサーバーで動くプログラムの技術を使います。プログラムを使うと、HTMLだけでは表現できなかった、変化のあるWebページを作成できるのです。ブラウザからの要求に応じて内容が変わるので、このようなWebページのことを**動的なページ**といいます。

動的なWebページをつくる技術

CGIは、Webブラウザからの要求に応じてWebサーバーがプログラムを呼び出すしくみです。プログラムは、処理を実行し、結果をHTML形式で返します。CGIのプログラムはPerlやC言語などで記述されます。

一方、サーバーサイドスクリプトは、HTMLに埋め込むタイプのスクリプトです。Webサーバー上でそのスクリプト部分が実行されてHTMLに置き換わり、Webサーバーはそのhtmlを返します。実行時にCGIほどサーバーに負担をかけず、高速に処理できるメリットがあります。**PHP《ピーエイチピー》**、**ASP《エーエスピー》**、**サーバーサイドJava**、**Ruby《ルビー》 On《オン》 Rails《レイルズ》**、**ASP《エーエスピー》.NET《ドットネット》**などが、代表的な技術です。

なお、Ruby On RailsやASP.NETの項目では、「Webアプリケーション」「フレームワーク」といった少し難しそうな言葉が出てきますので、あらかじめ説明しておきましょう。Webアプリケーションとは、Webで使われている機能やしくみを利用したアプリケーションのことで、ブログ、掲示板、ショッピングカートなどはいずれもWebアプリケーションといえます。どれも動的なページに使われている技術ですね。フレームワークは、アプリケーションの開発でよく使われる機能やしくみをまとめ、開発の土台に用いるものです。開発にこうした土台を使えば、独自に必要とされている部分だけを開発すれば済みます。手間が省け、開発の効率があがります。

動的なページでは、プログラムが処理を実行する際にデータベースのデータを利用することも多いので、データベースについても少し学んでおきましょう。

この章を読み終えた頃には、何気なく利用している動的なページの印象が、変わっているかもしれません。

Webプログラミング

動的なページを作成する場合に利用されるプログラムには、どのようなものがあるのでしょうか。

I 動的なページ

ユーザーが行った操作やユーザーがアクセスする状況・条件などに応じて、表示される内容が変わるようなページのことを、**動的なページ**といいます。主にWebサーバー側のプログラムが要求に応じた処理を行い、結果をHTML形式にして送信します。

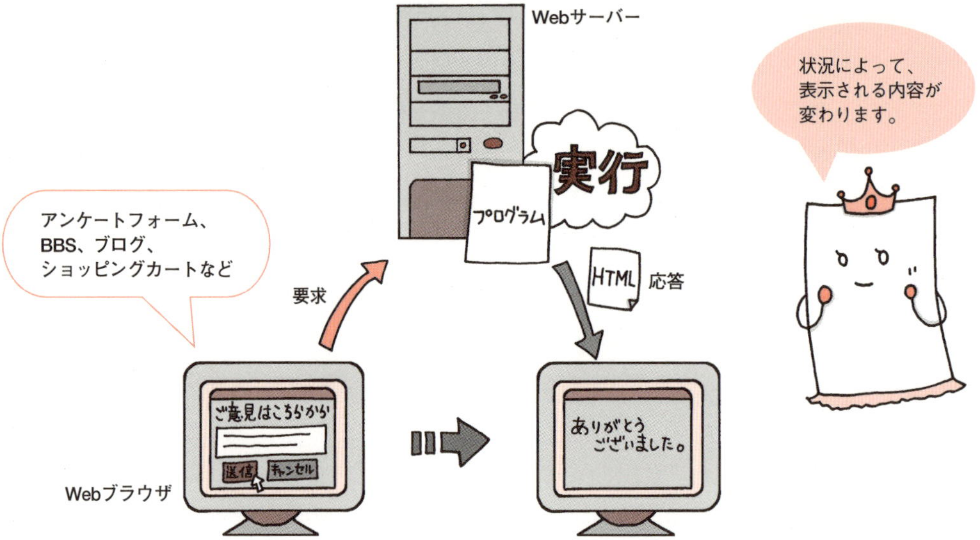

これに対して、Webサーバーに用意されているHTMLファイルをそのまま送信するだけのページを**静的なページ**といいます。

Webプログラミングは、動的なページを作ることです。そこで利用されるプログラムにはどのようなものがあるかを、紹介していきます。

クライアントサイドスクリプトとサーバーサイドスクリプト

動的なページを作る技術には、**クライアントサイドスクリプト**と**サーバーサイドスクリプト**とがあります。これらは、プログラムが実行される場所が違います。

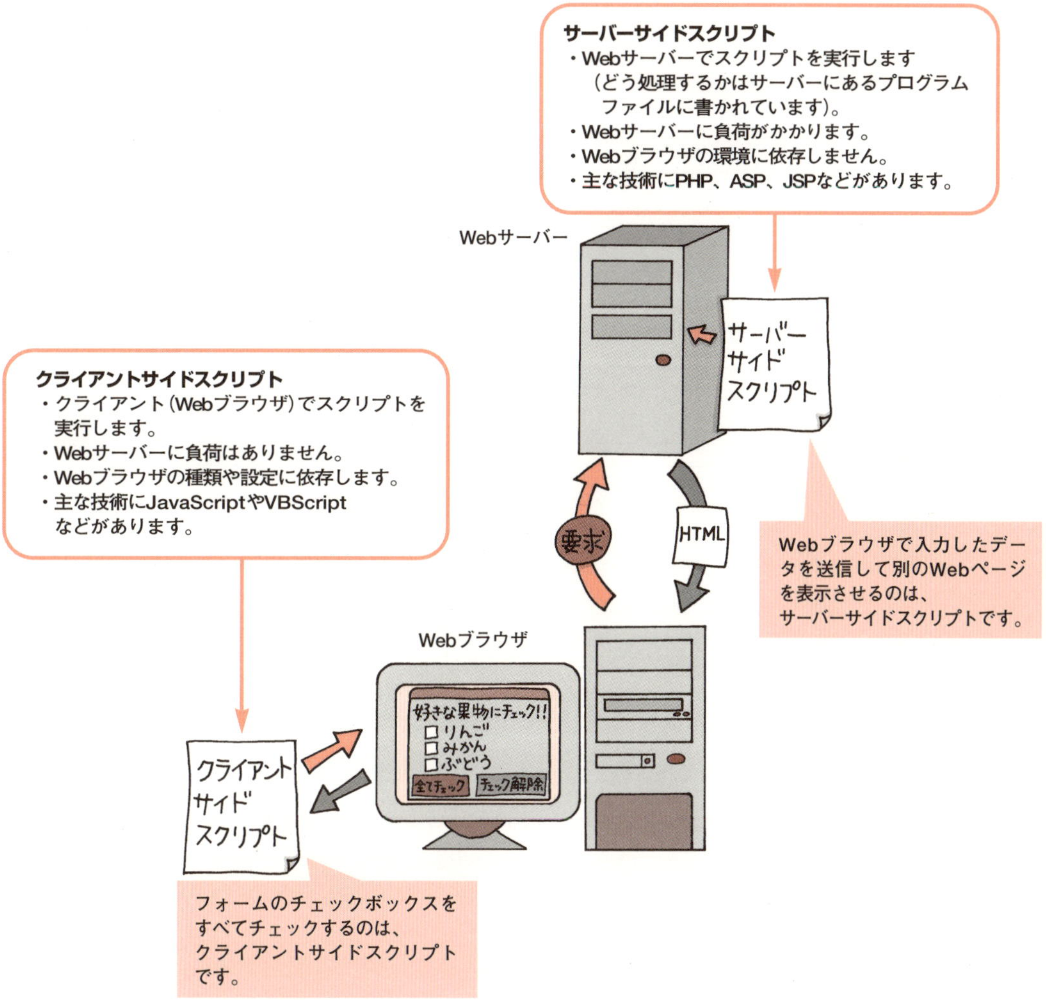

サーバーサイドスクリプト
・Webサーバーでスクリプトを実行します
（どう処理するかはサーバーにあるプログラムファイルに書かれています）。
・Webサーバーに負荷がかかります。
・Webブラウザの環境に依存しません。
・主な技術にPHP、ASP、JSPなどがあります。
Webサーバー
サーバーサイドスクリプト
クライアントサイドスクリプト
・クライアント（Webブラウザ）でスクリプトを実行します。
・Webサーバーに負荷はありません。
・Webブラウザの種類や設定に依存します。
・主な技術にJavaScriptやVBScriptなどがあります。
要求
HTML
Webブラウザで入力したデータを送信して別のWebページを表示させるのは、サーバーサイドスクリプトです。
Webブラウザ
好きな果物にチェック!!
りんご
みかん
ぶどう
全てチェック
チェック解除
クライアントサイドスクリプト
フォームのチェックボックスをすべてチェックするのは、クライアントサイドスクリプトです。

コンパイラ言語とインタプリタ言語

プログラムを実行方法で分類すると、次の2つに分かれます。

コンパイラ言語	インタプリタ言語
ソースコードを一括して機械語に変換（コンパイル）してプログラムを実行します。 ・C言語、Java など	ソースコードを逐次機械語に変換しながらプログラムを実行します。 ・JavaScript、Perl、PHPなど

コンピュータが理解し実行できる言語を機械語といいます。

CGI

CGIを使うと動きのあるページを実現できます。CGIのプログラム作成には、Perlがよく使われます。

I CGI

CGI（Common《コモン》 Gateway《ゲートウェイ》 Interface《インターフェース》）とは、Webブラウザからから要求を受けたWebサーバーが、それに対応するプログラムを起動して実行し、結果をWebブラウザに送信するしくみのことです。

»CGIのしくみ

フォームを例にとってCGIのしくみを説明します。

CGIでできることの例
- 掲示板
- チャット
- アクセス解析
- アクセスカウンタ
- ショッピングカート
- アンケートシステム
- アクセス制限
- ゲーム

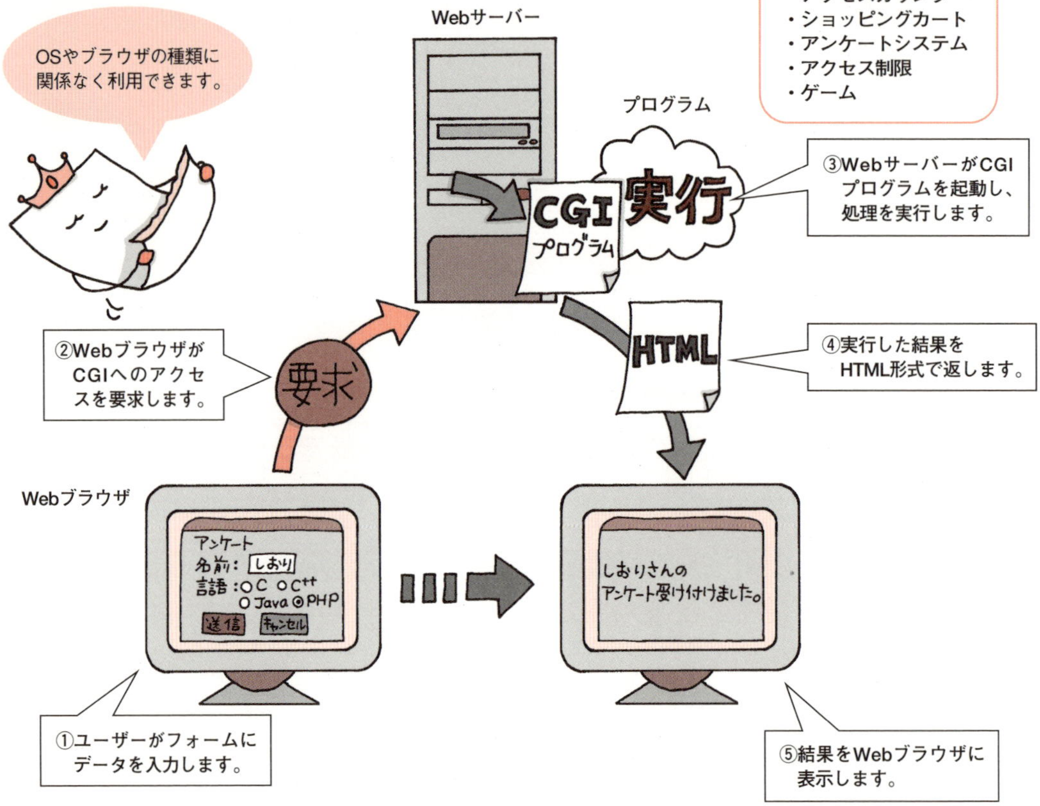

Webサーバー
OSやブラウザの種類に関係なく利用できます。
プログラム
CGI
実行
CGI プログラム
③WebサーバーがCGIプログラムを起動し、処理を実行します。
HTML
④実行した結果をHTML形式で返します。
②WebブラウザがCGIへのアクセスを要求します。
要求
Webブラウザ
アンケート
名前： しおり
言語：C C++ Java PHP
送信 キャンセル
しおりさんのアンケート受け付けました。
①ユーザーがフォームにデータを入力します。
⑤結果をWebブラウザに表示します。

CGIを利用することで、ユーザーが入力したデータを解析し、その結果をWebブラウザに表示させたり、それらのデータをデータベースに保存して集計するといった処理が可能になります。

I CGIプログラムを作成する言語

CGIはプログラムを呼び出すしくみであって、プログラムそのものではありません。サーバー側で処理を行うプログラム本体が必要です。プログラムの作成には、いくつかの言語が使えます。

Perl
C言語
シェルスクリプト
など
CGIスクリプト
CGIのプログラムをCGIスクリプトともいいます。

≫Perl

現在、CGIの作成によく使われているのが**Perl**です。Perlが使われる理由には、主に次のようなものがあります。

テキストの処理能力に優れている	もともとは、UNIX上で文字列の操作やデータの抽出などを行うために作られた言語です。
インタプリタ型のため実行が容易	コンパイル不要なので、面倒な手続きが必要ありません。
無償であり、手軽に始められます	プログラムが無料で入手でき、スクリプトはテキストエディタで作成できます。

普及していて、ユーザー数や情報が多いというのもありますね。

サーバーサイドスクリプト

サーバー側で処理を行うという点ではCGIと同じですが、CGIほどサーバーに負担をかけず、高速な処理が可能になる技術です。

サーバーサイドスクリプトとは

HTMLに埋め込むタイプのスクリプトを**サーバーサイドスクリプト**といいます。サーバーサイドスクリプトでは、Webサーバー上でスクリプトの部分が実行されてHTMLに置き換わります。そして、WebサーバーはそのHTMLを送信します。

PHP

PHP（PHP：Hypertext《ハイパーテキスト》 Preprocessor《プリプロセッサー》）は、インタプリタ型のサーバーサイドスクリプト言語です。さまざまなデータベースをサポートし、データベースに関連した機能が充実しています。そのためデータベースと連携して処理を実行する能力に優れています。

hello.php

```
<html>
<head>
<title>hello</title>
</head>
<body>
<?php
   print "Hello World!¥n";
?>
</body>
</html>
```

→

```
<html>
<head>
<title>Hello</title>
</head>
<body>
Hello World!
</body>
</html>
```

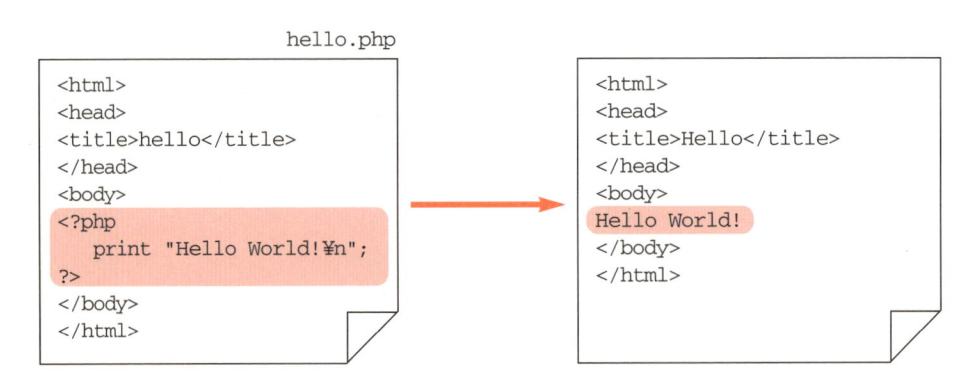

I ASP

ASP（Active《アクティブ》 Server《サーバー》 Pages《ページ》）とは、VBScriptやJavaScriptなどで記述されたスクリプトをWebサーバー側で処理し、処理結果のみをWebブラウザに送信するしくみです。Microsoft社が開発し、同じくMicrosoft社のWebサーバー、IIS上で動作します。

hello.asp

```
<%@ language=VBscript %>
<html>
<head>
<title>hello</title>
</head>
<body>
<%
Response.Write("Hello World!")
%>
</body>
</html>
```

→

```
<html>
<head>
<title>Hello</title>
</head>
<body>
Hello World!
</body>
</html>
```

ASPの後続技術として、ASP.NETが開発されています。

ファイルの拡張子は
PHPでは「.php」、
ASPでは「.asp」です。

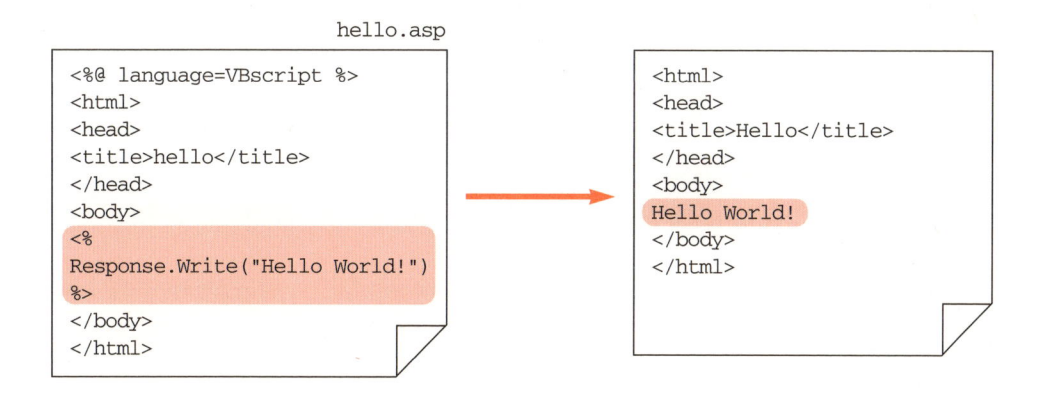

その他のサーバーサイド技術

サーバー側で動作する技術には、このようなものもあります。

I サーバーサイドJava

サーバー側の処理にJavaのプログラムを利用するものを、**サーバーサイドJava**といいます。主に次のようなJavaの技術から成り立っています。

サーブレット（Servlet）

Webサーバー上で動作するプログラムです。サーバー側で実行され、その結果をHTMLとしてクライアントに送信します。

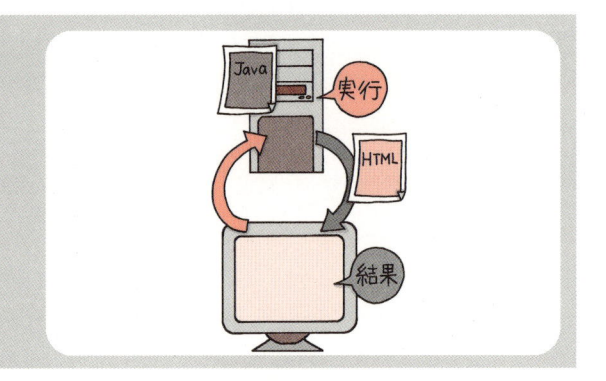

Java Server Pages（JSP）

HTMLファイルとJavaプログラムを組み合わせて、動的なページを作成するためのしくみです。HTMLファイルの中にJavaプログラムを埋め込んで作成します。
Javaプログラムはサーバー上で実行され、その結果をHTMLでクライアントに送信します。

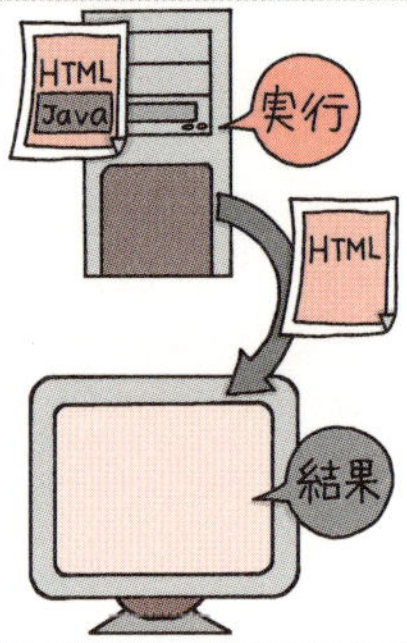

Enterprise Java Beans（EJB）

Java言語で作成したプログラムを部品として扱うしくみを、Java Beansといいます。サーバー側で動作するJavaプログラムを対象とした、部品化のしくみがEnterprise Java Beansです。

Ruby on Rails

Ruby on Rails《ルビー オン レイルズ》（RoR、Rails）は、名前のとおりRubyというスクリプト言語で書かれた、Webアプリケーションのフレームワーク（開発・実行環境）です。他のフレームワークよりも少ないコードで簡潔に開発ができるよう、配慮されています。

複雑なアプリケーションを見通しよく構築できるようにアプリケーションを次の3つに分けて設計する方法（MVCアーキテクチャ）が採用されているのも特徴です。

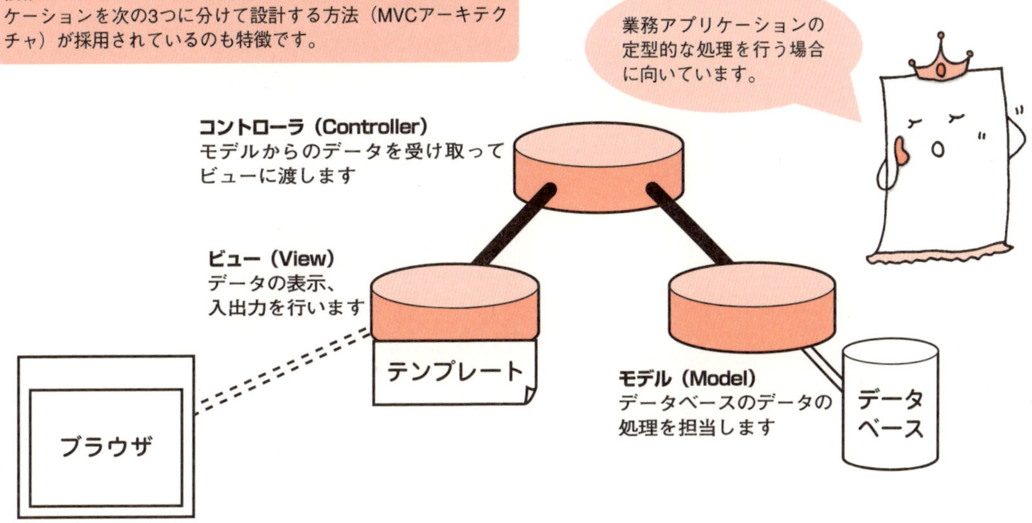
業務アプリケーションの定型的な処理を行う場合に向いています。
コントローラ（Controller）
モデルからのデータを受け取ってビューに渡します
ビュー（View）
データの表示、入出力を行います
テンプレート
ブラウザ
モデル（Model）
データベースのデータの処理を担当します
データベース

ASP.NET

ASP.NET《エーエスピードットネット》は、Microsoft社によるサーバーサイド技術です。.NET Frameworkという開発・実行環境上で動作し、Webアプリケーションを、効率よく開発したり、実行したりできます。

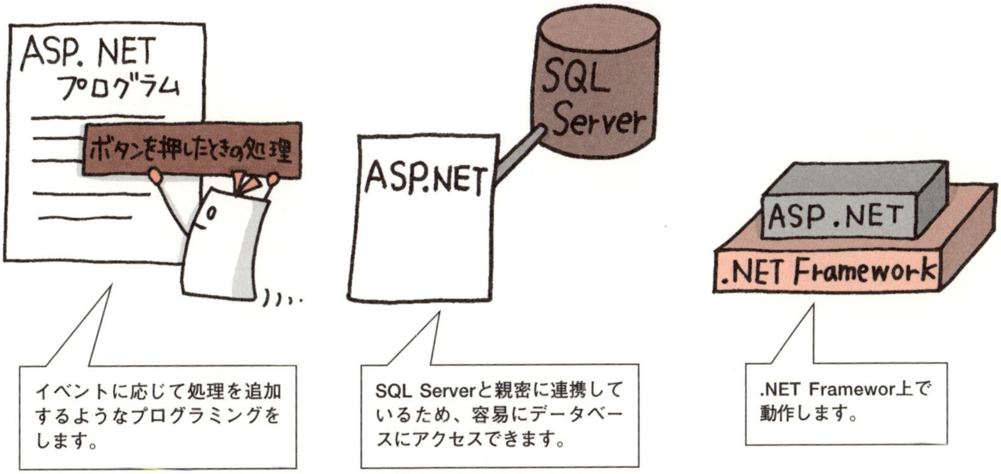
ASP. NET
プログラム
ボタンを押したときの処理
イベントに応じて処理を追加するようなプログラミングをします。
SQL Server
ASP.NET
SQL Serverと親密に連携しているため、容易にデータベースにアクセスできます。
ASP .NET
.NET Framework
.NET Framewor上で動作します。

データベース

バラバラなデータを集めて、管理しやすいように整理整頓したものをデータベースといいます。現在では、リレーショナルデータベースが一般的です。

データベースによるデータ管理

コンピュータの世界では、さまざまなソフトウェアが**データベース（DB）**を利用します。これまでバラバラに管理されていた情報をデータベースにすれば、ソフトウェアは簡単にデータを取り出せるようになります。

データベース
OK！
ユーザーはソフトウェアを利用して、間接的にデータベースを使用します。
お願い！
ソフトウェア
ユーザー
データベースに入れたデータは永続的に保存されるので、何度でも利用できます。

データベース管理システム（DBMS）

データベースは、**データベース管理システム（DBMS**:DataBase Management System）というソフトウェアによって管理されています。

実際にデータをしまったり出したりするのは、DBMSの仕事です。
データベース
DBMS

リレーショナルデータベース(RDB)

データベースにはいくつかの種類があります。最も一般的に利用されている**リレーショナルデータベース**(RDB: Relational DataBase)は、データを表形式で管理するものです。

テーブル
列と行からなる表のことです

列名
実際のデータではなく、ユーザーにわかりやすいように便宜的につけられる列の名前です。

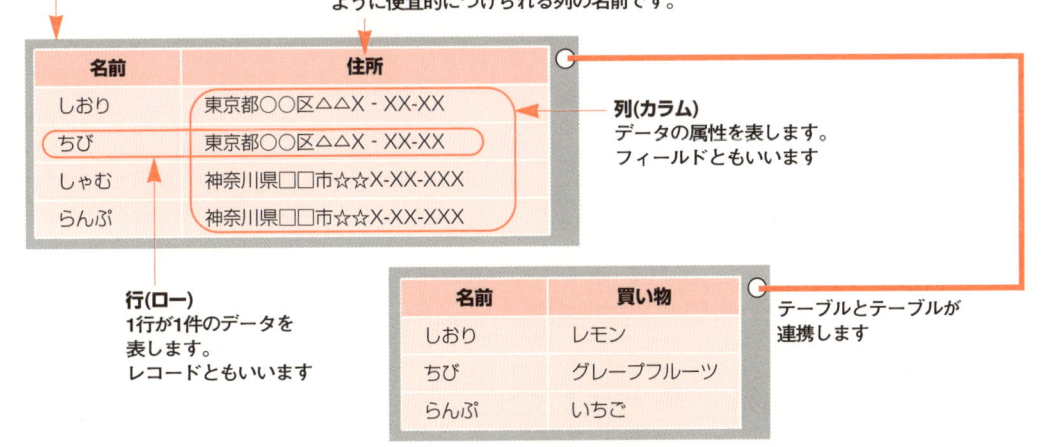

名前	住所
しおり	東京都○○区△△X - XX-XX
ちび	東京都○○区△△X - XX-XX
しゃむ	神奈川県□□市☆☆X-XX-XXX
らんぷ	神奈川県□□市☆☆X-XX-XXX

列(カラム)
データの属性を表します。
フィールドともいいます

行(ロー)
1行が1件のデータを表します。
レコードともいいます

名前	買い物
しおり	レモン
ちび	グレープフルーツ
らんぷ	いちご

テーブルとテーブルが連携します

リレーショナルデータベースは、テーブルどうしが連携(リレーション)して動くしくみを持ちます。

テーブルどうしがつながっているイメージです。

RDBMSとSQL

リレーショナルデータベースの管理には、**リレーショナルデータベース管理システム**(**RDBMS**:Relational DataBase Management System)というソフトウェアを使います。RDBMSに命令するための言語としては**SQL**(Structured Query Language)が有名です。

データベースを操作するための言語をデータベース言語といいます。
RDBMSに出す要求をクエリ(問い合わせ)といいます。
RDB
SQL文
RDBMS
RD

データベースを動かすしくみ

現在一般的に利用されているリレーショナルデータベースでは、SQL文を使ってデータの操作を行います。

I SQLでできること

SQLを使うと、リレーショナルデータベースに対して主に次のようなことができます。

»データの取得

特定のデータを取り出すことができます。

RDB
RDBMS
RDBMS

SQLを覚えれば、SQLに対応しているRDBMSの基本的な操作ができます。

»データの操作（追加／削除／更新）

既存のテーブルに新しいデータを追加したり、特定のデータを削除することができます。また、既にあるデータを更新することもできます。

RDB
RDBMS
RDBMS

»データベースやテーブルの作成

新しいデータベースやテーブルを作成できます。

RDB
RDBMS
テーブル

Ⅰ 操作の流れ

Webアプリケーションでデータベースを利用する場合の処理の流れは、このようになります。

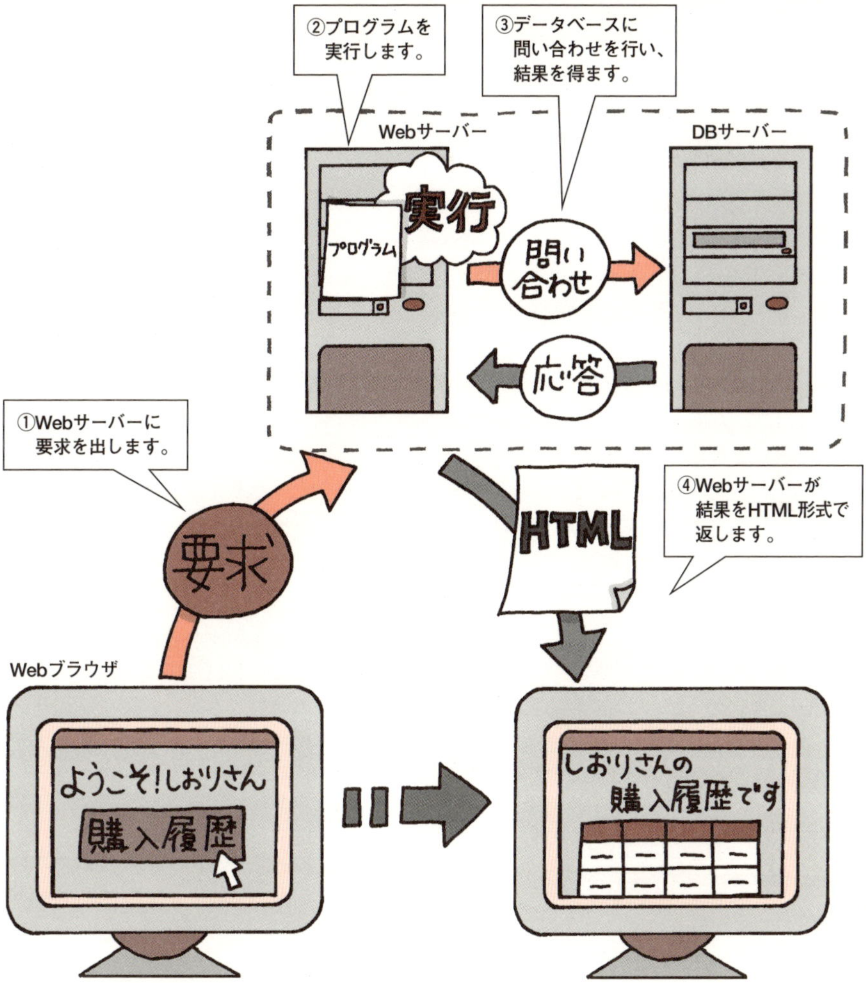
②プログラムを
実行します。
③データベースに
問い合わせを行い、
結果を得ます。
Webサーバー
DBサーバー
実行
プログラム
問い
合わせ
応答
①Webサーバーに
要求を出します。
HTML
④Webサーバーが
結果をHTML形式で
返します。
要求
Webブラウザ
ようこそ!しおりさん
購入履歴
しおりさんの
購入履歴です

Ⅰ 代表的なRDBMS

代表的なRDBMSには、次のものがあります。

商用	オープンソース
・Oracle Database	・MySQL
・Microsoft SQL Server (略称：SQL Server)	・PostgreSQL

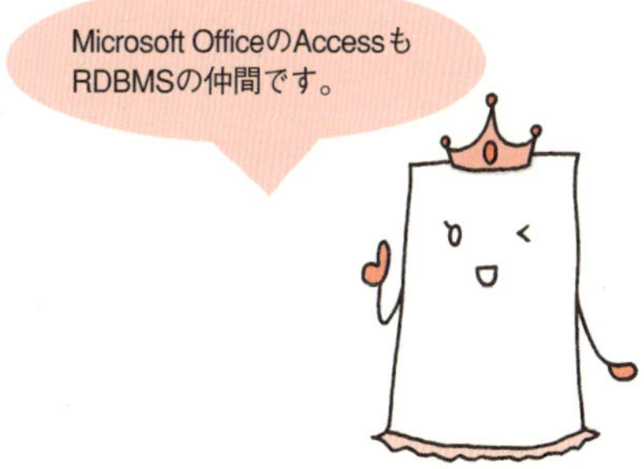
Microsoft OfficeのAccessも
RDBMSの仲間です。

COLUMN

コラム

～Ajax～

Ajaxという言葉を最近よく見かけるようになりました。

AjaxはAsynchronous JavaScript + XML（非同期的なJavaScript＋XML）を略したものです。もともとはGoogle社がGoogleマップにある手法を用いていたところ、2005年2月18日にAdaptive Path社のJesse James Garett氏が発表した記事で、その手法に「Ajax」という名前を付けたのがはじまりです。これをきっかけとして、この頃から急速にこの言葉が使われ出しました。

Ajaxは、今日いろいろな場面で使われています。有名なのが、GoogleマップやGoogleサジェストです。Googleマップでは、マウスを動かすだけで、ページが更新されずに地図の縮尺が変わったり、方位が変わったりします。Googleサジェストは、検索窓に文字を入力しはじめると、次の入力を予想し、リアルタイムで入力候補を表示してくれる機能です。

ネットショッピングのサイトなどでも使われています。たとえば、ある商品を選択すると商品の詳細ボックスが表示されて、色やサイズなどを選択できるようになっているものがあります。ページが更新されないので、商品を直感的に選ぶことができ、すばやく次の操作に移ることができます。

従来のWebページでは、サーバーにデータを送信して処理結果を得るには、ユーザー側でボタンを押すなどして、意図的にWebページを切り替えなければなりませんでした。しかし、Ajaxでは、サーバーと非同期通信を行い、データを読み込むことで、ページを切り替えなくても表示内容を変更させることができるのです。Ajaxを使ったWebページにアクセスすると、一度はサーバーで処理を実行してページを返しますが、その後はマウスなどの直感的な操作に応じてWebブラウザ上で処理が行われ、Webページの表示が変化します。

Ajaxは、技術的には特に新しいものではなく、JavaScriptにCSSやHTML、XMLなどを組み合わせたものです。XMLHttpRequestというオブジェクトを使ってサーバーと通信し、非同期的にデータを取り出します。

近年、このAjaxが注目されたことで、JavaScriptも再評価されています。

セキュリティ

第8章は ここがkey!

ネットワークには危険も潜んでいる

ネットワークに接続すると、他のコンピュータとデータのやり取りが容易にできるようになって、とても便利です。しかし、外部とつながっている環境では、さまざまな危険が入り込んでくる可能性もあることを忘れてはいけません。第8章では、そうした危険と、危険にあわないための対策、こころがまえを紹介します。

ネットワークに伴う危険というと、従来より「盗聴」「改ざん」「不正アクセス」「DoS攻撃」「コンピュータウィルスの侵入」が、代表的な例としてあげられます。DoS攻撃という言葉は耳慣れないかもしれませんが、これは特定のコンピュータに大量のデータを送りつけて、そのコンピュータの処理能力を低下、または停止させてしまうという犯罪です。典型的なケースは、メールサーバーに大量のメールを送りつけ、サーバーとしての機能を麻痺させてしまうというものです。

コンピュータネットワークの利用者たちは、やり取りするデータを**暗号化**して簡単には読まれないようにしたり、**ファイヤーウォール**という防御壁をインターネットとの境界に設置したり、また外部とのやり取りを取り次ぐ**プロキシサーバー**を設けるなどして、通信と、自分たちのネットワーク内部の安全を守っています。

セキュリティ対策は万全に！

さて、ここまではどちらかというと、ネットワーク全体、個人よりもサーバーを対象とした話といった感もありましたが、危険はもっと身近なところにも潜んでいます。

個人レベルで特に問題となっていることには、「コンピュータウィルスの侵入」「個人情報の流出」や「迷惑メール」などがあります。便宜上3つに大別しましたが、実際には個人情報の流出といってもワンクリック詐欺によるものであったり、フィッシングによるものであったりしますし、迷惑メールも営業目的のDM（ダイレクトメール）を大量に送信するスパムメールであれば、詐欺目的の架空請求メールであることもあり、その性質はさまざまです。また、ワンクリック詐欺やフィッシング目的のために、スパムメールを大量に送る、といったように、いくつかの手口が組み合わされることも多いのです。

このようにどんどん手口が複雑で巧妙になっていくなか、トラブルに合わないためには「自分の身は自分で守る」という気持ちをもつことが大切です。まずコンピュータのセキュリティ対策をしっかりとし、それからネットワークを利用する自分自身も危険にあわないような行動をとりましょう。

本章ではそのために参考となる情報を提供します。セキュリティ対策を万全にして、楽しく便利にインターネットを利用したいものですね。

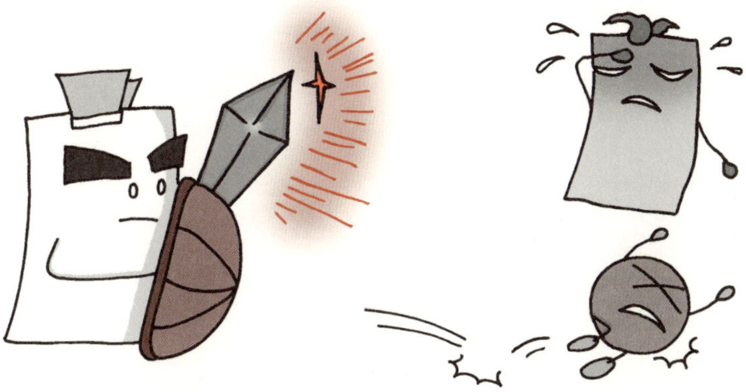

ネットワークに潜むリスク

ネットワークに参加するということは便利な半面、さまざまな危険も伴うことを忘れてはいけません。

I こんな危険にさらされている

インターネットなど外部のネットワークに接続して他のコンピュータと通信できるのは、とても便利です。しかし、外部とつながっている環境では、悪意を持った第三者からこんな被害を受ける可能性があります。

データが盗まれる!?

盗聴
通信中のデータを不正にコピーされて、個人情報を盗まれることをいいます。

IDやパスワード、IPアドレスを盗まれることも…。
…

改ざん
通信中のデータを盗まれて、情報を不正に書き換えられることをいいます。

電子メールの内容を書き換えられることも…。
しおり君 好き
しおり君 嫌い!!

油断していると痛い目をみます。

外部から攻撃される!?

不正アクセス
他人のコンピュータに許可なく侵入することをいいます。

あなたのコンピュータを使って悪事を働くかもしれません。

DoS攻撃（Denial of Service attack）
サーバーなどに、対処しきれない量のデータを送りつけ、機能を麻痺させることです。

受信側の都合を考えずに一方的に送りつけられるスパムメールを使った攻撃もそのひとつです。

他にも……

コンピュータウィルスの侵入
コンピュータに危害を加えることを目的として作られたプログラムをコンピュータウィルスといいます。

侵入されると、コンピュータが動かなくなることも…。

こうした危険に備え、セキュリティに関するさまざまな技術が開発されています。次のページからその一部を紹介します。

暗号化・認証

もしも通信中にデータが盗まれたら…。そんな場合に備えて、送受信の方法にひと工夫加えましょう。

I データの盗難対策

データをやり取りする間で、盗難されたり改ざんされたりしないよう、次のようなしくみがあります。

»暗号化

情報を守るための最も基本的な仕組みです。データをある法則に基づいて加工し、第三者が容易に読めないようにすることを**暗号化**、元に戻すことを**復号化**といいます。

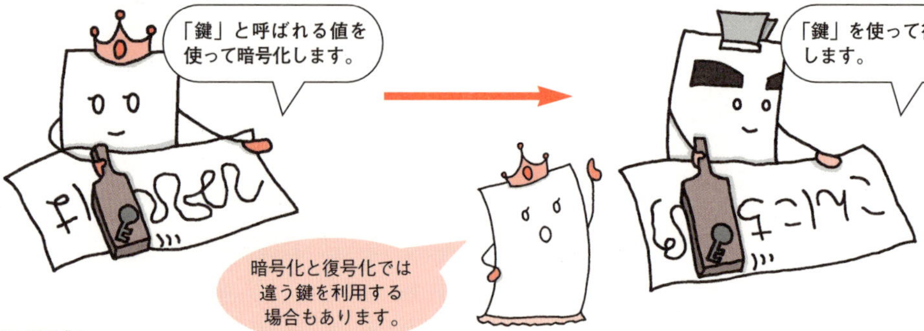
送信側
「鍵」と呼ばれる値を使って暗号化します。
受信側
「鍵」を使って復号化します。
暗号化と復号化では違う鍵を利用する場合もあります。

»電子署名

データが改ざんされていないかを判断するしくみです。データを特殊な方法で数値化し、これを暗号化したものを**電子署名**といいます。

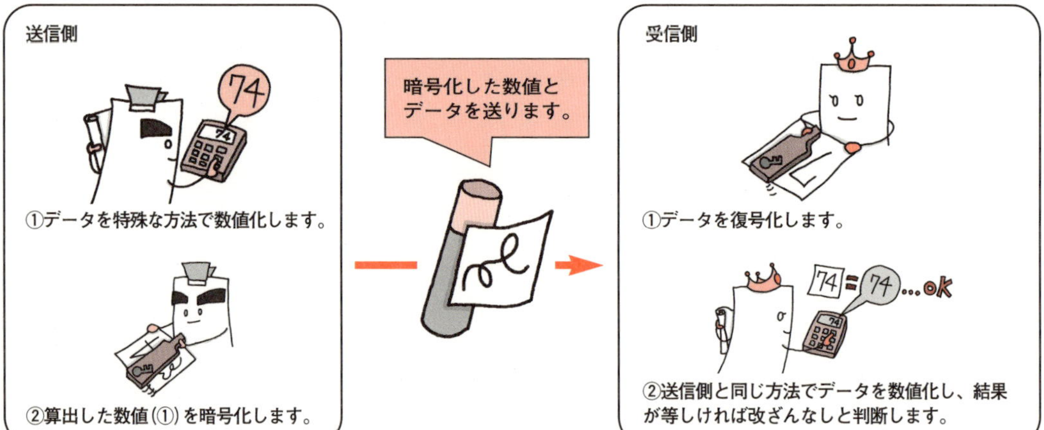
送信側
74
①データを特殊な方法で数値化します。
②算出した数値(①)を暗号化します。
暗号化した数値とデータを送ります。
受信側
①データを復号化します。
74 = 74 …ok
②送信側と同じ方法でデータを数値化し、結果が等しければ改ざんなしと判断します。

》認証局による保証

通信相手の身元を保証する機関として**認証局（CA局）**があります。通信者の間に立ち、第三者的な立場から通信を保証します。

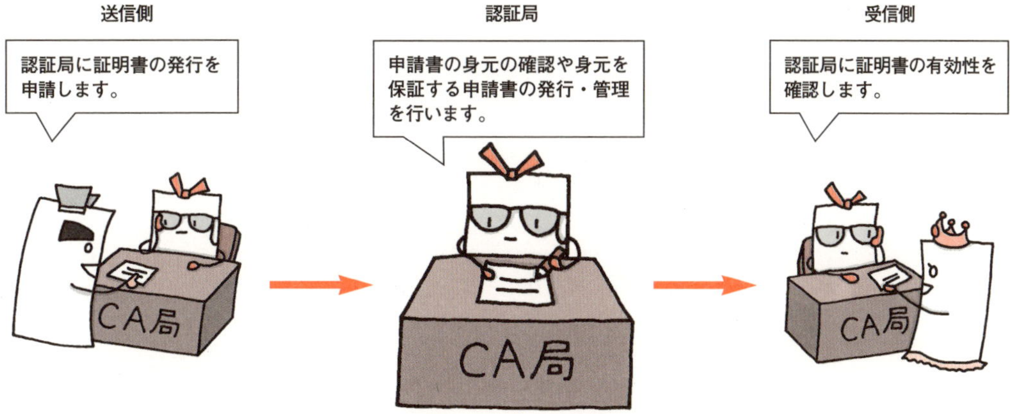
送信側
認証局に証明書の発行を申請します。
CA局
認証局
申請書の身元の確認や身元を保証する申請書の発行・管理を行います。
CA局
受信側
認証局に証明書の有効性を確認します。
CA局

暗号化や証明書などのしくみを組み合わせてセキュリティを強化します。

I SSL（Secure《セキュア》 Socket《ソケット》 Layer《レイヤー》）

ブラウザを介してやり取りする相手を認証し、データを暗号化するためのプロトコルです。SSLを適用しているWebページのURLは、「**https**」からはじまり、HTTPとは異なるポートを使用します（通常は443）。

https://www.ehon.co.jp
安全
Webブラウザが SSLに対応している必要があります。

インターネットの基礎
Webとメール
Webのしくみ
メールのしくみ
インターネットの技術
ネットワーク構成
サーバーサイド技術
セキュリティ
付録

ファイヤーウォール

Firewall（防火壁）は、外部の攻撃からコンピュータを守る仕組みです。

I そのデータは安全？

送られてくるデータを無条件に受け入れていては、コンピュータの安全は保障できません。そこで、データを制御する機能を持ったソフトウェアやハードウェアを利用します。これらを総称して、**ファイヤーウォール**といいます。

データを制限したいところに設置します。ここから先は、チェック済みのデータだけが通れます。
LANの入り口に設置すれば、LAN全体を守ることができます。

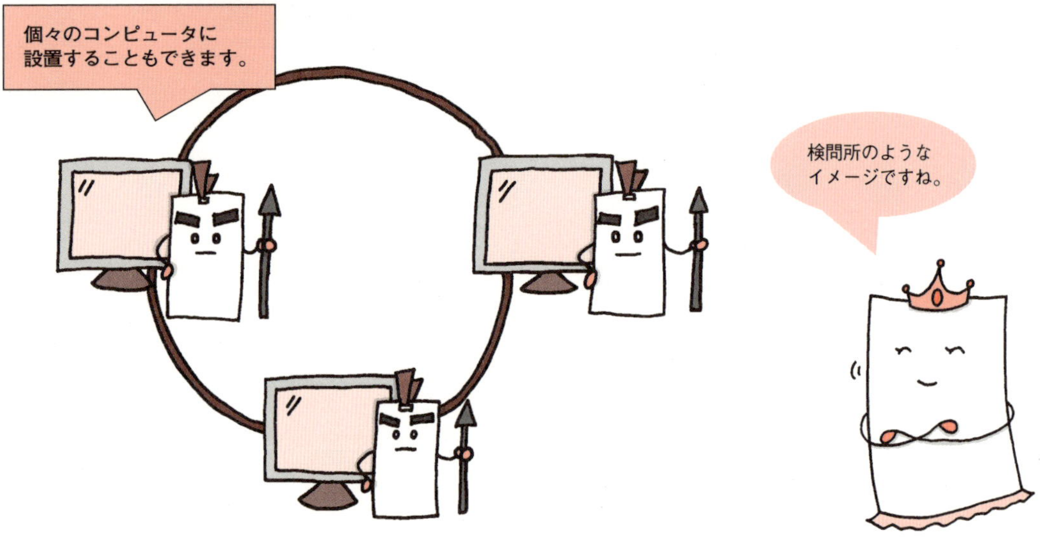
個々のコンピュータに設置することもできます。
検問所のようなイメージですね。

I ファイヤーウォールのしくみ

TCP/IPでは複数のプロトコル（p.104）がいくつかの層になっています。各層ごとにチェック項目を設け、それらをクリアしたデータだけを次の階層に渡すという方法で、不審なデータをふるい落としていきます。チェック項目は管理者が決定します。

すべての項目をクリアしたデータだけを受け取ります。
合格
たとえば……
・決められたポート宛てのデータ以外は受付けない！
・通信を確立していない相手からのデータは受付けない！
安全
たとえば……
・許可されたIPアドレスからのデータ以外は受付けない！
安全
たとえば……
・ウィルスの侵入を避けるため、決められた形式のファイル以外は受付けない！
安全

いろいろなチェックをクリアしたデータだけが届くのですね。

プロキシサーバー

「proxy」は、代理という意味です。プロキシサーバーは、私たちに代わって外部とやり取りを行うよう、インターネットとの間に設置されています。

I プロキシサーバー

クライアント（ユーザー）に代わってインターネットに接続し、要求に応じた通信サービスを受けてその結果をクライアントに提供するサーバーを**プロキシサーバー**といいます。

クライアントの依頼に応じて、外部のサーバーにサービスを要求します。
外部のサーバー（WWWサーバーなど）
プロキシサーバー
外部のサーバーからデータを受け取り、クライアントに渡します。
クライアント

もっとも有名なのはWWWで利用されるHTTPプロキシサーバーです。一般にプロキシサーバーというと、このHTTPプロキシサーバーを指します。単にプロキシとも呼ばれます。

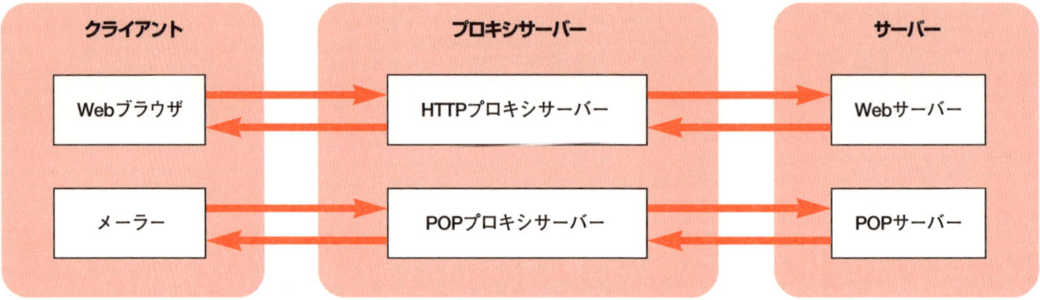
クライアント
プロキシサーバー
サーバー
Webブラウザ
HTTPプロキシサーバー
Webサーバー
メーラー
POPプロキシサーバー
POPサーバー

プロキシサーバーにはプロキシソフトがインストールされています。
※ソフトウェアそのものをプロキシサーバーやプロキシと呼ぶこともあります。

I プロキシサーバーのメリット

プロキシサーバーを使うと主に次のメリットがあります。

»匿名性

外部のサーバーとアクセスするのはあくまでプロキシサーバーなので、クライアントの固有の情報が外に漏れることがありません。

IPアドレスやコンピュータ名などを知られることはありません。

»利便性

プロキシサーバーは、すべてのユーザーが閲覧したWebサイトの情報を一時的に保管（**キャッシュ**）します。プロキシサーバー内に保管されているWebサイトを要求されると、外部のサーバーとやり取りせずにクライアントに返します。

Webページが速く表示されます。
保管されていない場合はWWWサーバーから取り寄せます。

»安全性

プロキシサーバーは、外部のサーバーとのやり取りを一括して管理できます。通信内容のチェックや特定のサイトへのアクセス制限などを設定しておけば、セキュリティが高まりクライアントの安全を守ることができます。

個別管理が難しい大規模なネットワークでは特に有効です。

身近なリスクやトラブル

ネットワークに潜むリスクを紹介したので、次は日ごろインターネットを利用する際に、より身近に起こりうるリスクやトラブルを見てみましょう。

I 便利と危険は隣り合わせ

インターネットの利用が当たり前のようになり、便利なことが多くなりました。そのぶんリスクやトラブルも増え、悪意を持った人間による不正行為の手口も、巧妙・多様化しています。ここではその一例を紹介します。

個人情報の流出

ワンクリック詐欺
Webページに1回アクセスすると入会完了の知らせとともに、利用料金を請求されるという、不当料金請求の手口です。

メールに書かれたURLや、Webページの確認ボタンなどから誘導されます。

対策 2 4 5 6

スパイウェア
知らない間にコンピュータに侵入し、ユーザーの行動や個人情報などの収集を行います。

集めた情報はスパイウェアの配布元に送信されます。

対策 2 3

フィッシング
金融機関などのWebサイトを装った、詐欺用のサイトにユーザーを誘導し、暗証番号やクレジットカード番号を入力させる手口です。

対策 1 2 3 5 6

あの手この手といった感じです。

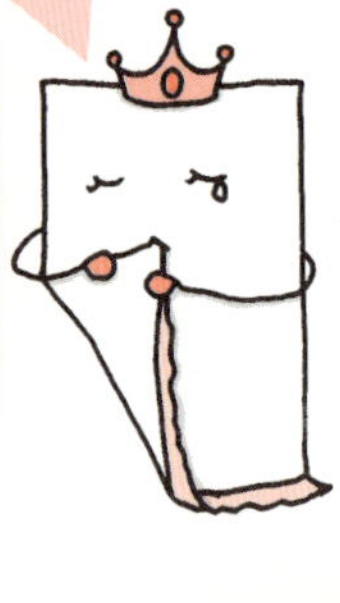

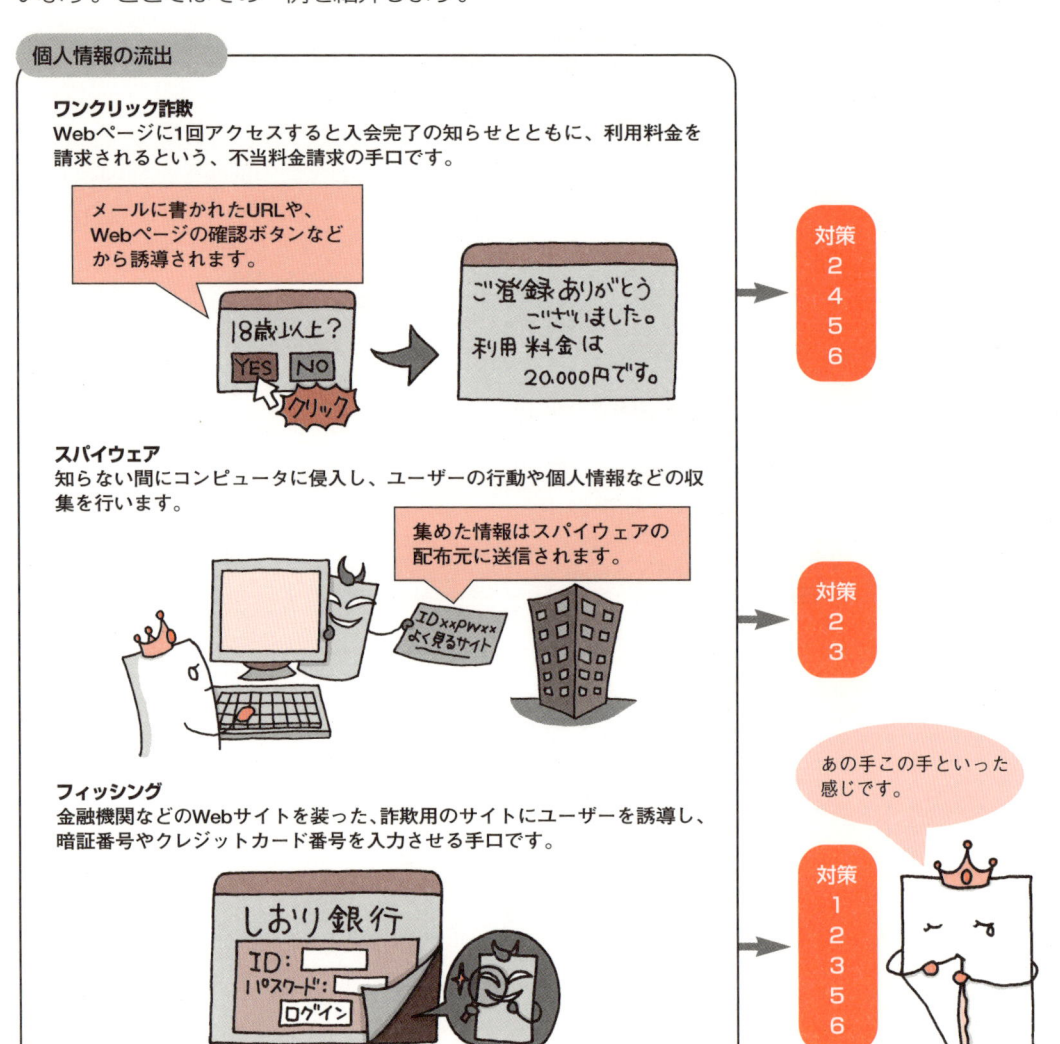

コンピュータウィルス

コンピュータウィルスの侵入
ネットワークを利用するアプリケーションのセキュリティホールや、電子メールを通じて感染します。
ウィルスは感染先のコンピュータに自分のコピーを作成し、さらに周囲のコンピュータに感染を広げていきます。

最近はUSBメモリなどでも感染が広がります。

→ 対策 2 3 4 5 6

迷惑メール

スパムメール
不特定多数のユーザーに対して、営利目的のメールを一方的かつ大量に送りつけることです。

詐欺サイトへの誘導によく利用されます。

→ 対策 4 5 7

架空請求メール
使用した覚えのないWebサイトの利用料などを要求する、詐欺の手口です。

不特定多数に送っているだけで、送られた人の名前や住所が知れているわけではありません。

→ 対策 1 2 4 5 7

こうしたリスクや犯罪の手口は組み合わせて利用されることも多いので、十分な注意が必要です。

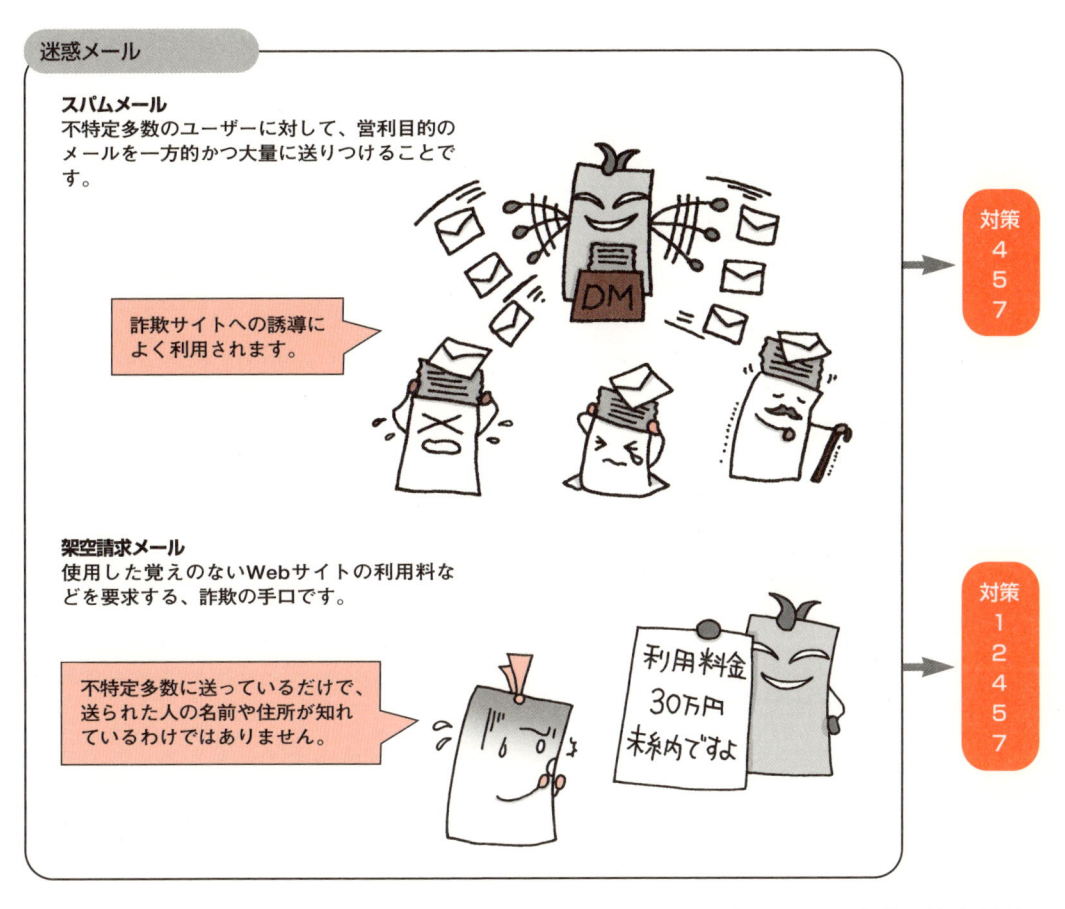

身近なセキュリティ対策（1）

Web上の情報を、危険を避けつつ便利に使いつづけるためには、どのような対策をとったらよいのでしょうか。

コンピュータのセキュリティ対策

まず第一に、コンピュータ自体のセキュリティ対策をしっかりします。

まだ対応していない
ウィルスも存在します。
過信は禁物です。

» セキュリティソフトを導入する

セキュリティソフトを導入し、送受信するデータを絶えず監視します。

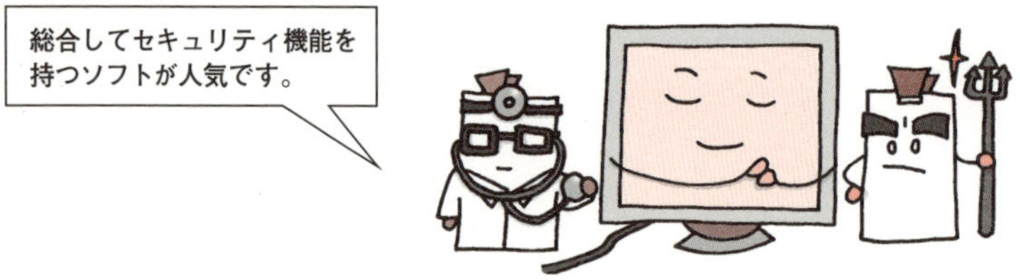

総合してセキュリティ機能を
持つソフトが人気です。

» セキュリティパッチをあてる

OSやアプリケーションに存在するセキュリティ上の弱点を**セキュリティホール**、その修正のために配布されるプログラムを**セキュリティパッチ**といいます。

パッチ
ソフトウェアの作成元がWeb
などを通じて配布しています。

Webを利用するときのセキュリティ対策

Webページを閲覧したり書き込みをしたりするときには、こうしたことに気をつけましょう。

» 個人情報の書き込みに注意する

掲示板やチャット、ブログなど、誰もが見られる場所に個人情報を書かないようにしましょう。

住所、氏名、年齢、電話
番号、メールアドレス…
しおり
豊島区南池袋
メールアドレスを収集されて、
迷惑メールを送られる
原因にも…。

対策1 信頼できるWebサイトかどうかを確認する

正規のWebサイトかどうか、安全に通信ができるWebサイトかどうか、注意してください。パスワードやクレジットカード番号を入力するようなページではなおさらです。

正しいURLです。
通信にはSSLを使っています。
アドレス
この場合、ブラウザが鍵のマークを表示したり、アドレスバーの色を変更したりします。

対策2 信頼性に疑問のある広告やリンクはクリックしない

悪質なプログラムが仕掛けられたページ上のリンクをクリックしてしまったことで、個人情報の流出や不当請求の被害にあったり、ウィルスに感染したりすることがあります。

激写
しおり
画像あります
今すぐクリック

対策3 怪しいプログラムやファイルをダウンロードしない

ウィルスに感染する恐れがあります。

画像や動画などの場合、著作権・肖像権に触れることもあります。
あやしいサイト
入口
不審なものには関与しない、基本は実生活と一緒です。

身近なセキュリティ対策（2）

ISPや携帯電話会社が迷惑メールの撲滅に尽力していますが、まずは自分たちで迷惑メールの標的とならないよう気をつけなければなりません。

I メールアドレスはどこから流出するのか

迷惑メールが送られてきたときに、なぜ自分のメールアドレスがわかったのだろうと不思議に思うかもしれません。迷惑メールの送信者は、このようにしてメールアドレスを収集します。

公の場に書き込まれたものを集める。
Webサイトやブログ上に連絡先として掲載されているもの、掲示板やチャットに書き込まれたものなどを収集します。

通常、電子メールアドレス収集ロボットという専用ソフトウェアが使われます。
adomin@——
.co.jp
cake@xx.ne.jp
neko@xx.ne.jp

検証やメールマガジンを利用する。
懸賞への応募やメールマガジンへの登録を通じてメールアドレスを集めます。

一部ですが、こうした目的でメールアドレスを登録させる業者もいるようです。
登録受付
xx@—
aa@xx〜

辞書攻撃で送信する。
メールアドレスの「@」マークより前を、辞書にある単語のランダムな組み合わせで作成し、送信します。

企業等から登録情報が流出する。
ウィルスに感染したり、関係者が名簿を販売したりすることで、企業の持つ会員名簿・登録情報が外部に流出します。

○○(株)
—@—
—@——
ehon@—
shiori@ank.co.jp

I 迷惑メール対策

迷惑メールの的にされないためには、日頃から心がけておきたいことがあります。

対策4 メールソフトのセキュリティ機能を有効にしておく

迷惑メールフィルタ機能、フィッシング詐欺メール警告機能などを有効にしておきます。

危険
安全

対策5 知らない相手からのメールは無視する。

不審なメールは開かないのが一番です。また返信してもいけません。そのメールアドレスが実在することを知られてしまいます。

読んで
無視

対策6 不審な添付ファイルを開いたり、URLをクリックしたりしない

添付ファイルを開くとコンピュータウィルスに感染する可能性もあります。URLをクリックすると、フィッシングや架空請求のサイトに飛ばされることもあります。

対策7 メールアドレスは長めに設定する

短く、類推されやすい文字列は、辞書攻撃の的になりやすいです。

shi0ri-tan-kira-rin@ank.co.jp
ここは ゼロなの

ちょっとした心掛けが大きな安心につながります。

COLUMN

コラム

～セキュリティソフト～

インターネットへの常時接続が一般的になり、誰もが好きなときにインターネット上のサービスを利用できるようになった半面、数々の危険に遭遇するリスクも高まっています。こうしたリスクを回避するためには、セキュリティソフトの導入が重要です。

セキュリティソフトとは、コンピュータを保安上の危険から守り、安全性を高めるソフトウェアの総称です。以前はセキュリティに関するソフトウェアというと、ウィルス対策ソフト（アンチウィルスソフト）を指すのが一般的でした。しかし、インターネットを使った不正行為や犯罪は多種多様化し、その手口もどんどん巧妙になっています。こうした状況に対処するため、セキュリティソフトもさまざまなタイプのものが登場しています。とりわけ、いくつものリスクに対応できるよう機能を集めた、統合型のセキュリティソフトが人気です。

統合型セキュリティソフトの代表的な機能には、次のようなものがあります。

ウィルス対策

コンピュータウィルスを検出・駆除します。ウィルスの特徴などの情報をデータベース化したパターンファイル（ウィルス定義ファイル）を備え、コンピュータ内のファイルと照合することでウィルスをチェックします。

ファイヤーウォール

ファイヤーウォール（p.146）をコンピュータ内に組み込みます。パーソナルファイヤーウォールともいいます。

スパイウェア対策

スパイウェア（p.150）を検出・駆除します。

個人情報保護

Webサイトや電子メール、インスタントメッセンジャーなどで個人情報が流出するのを防止します。

フィッシング対策

フィッシング（p.150）のため、本物そっくりにつくられた詐欺サイトを検出・通知します。

迷惑メール対策

迷惑メールの振り分けを行います。

セキュリティソフトウェアを導入することで安全性は高まりますが、コンピュータの利用者自身がまずセキュリティへの意識をしっかり持つことが大切です。

付録

もうちょっと、
がんばってみる？

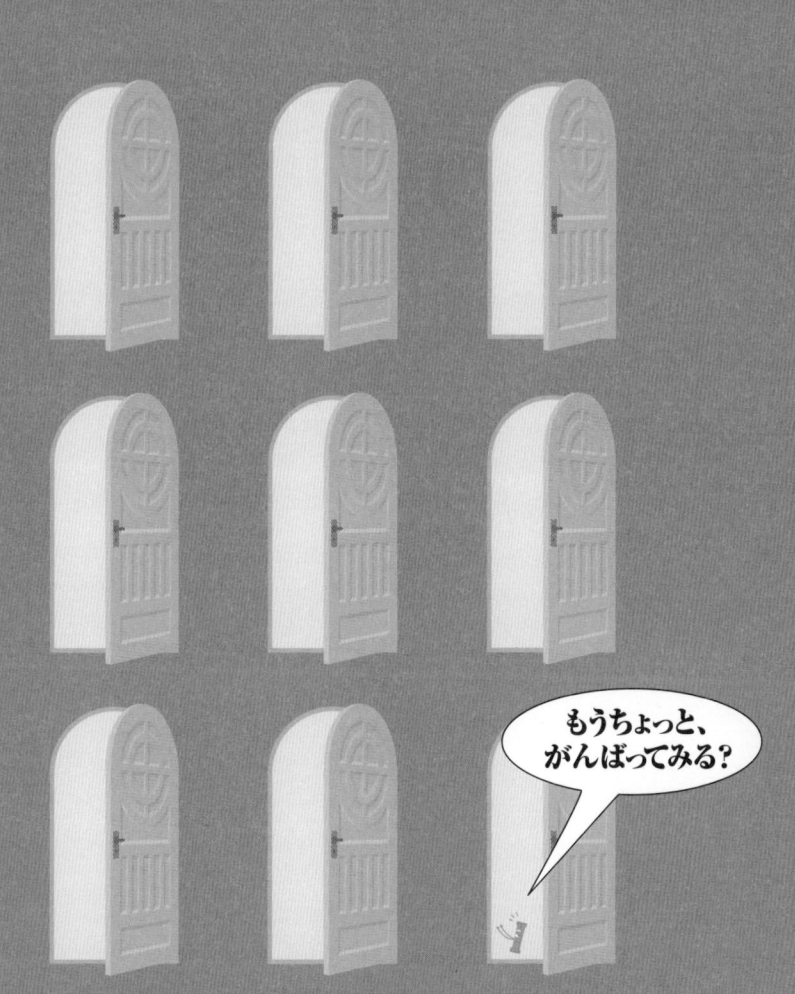

ネットワークで使われる用語

コンピュータネットワークに接続しようとするときや、ネットワークでさまざまなサービスを利用するときに登場する用語を説明します。

I インターネット用語

LANやインターネットへの接続形態、接続に用いられる各種の機器、接続のための設定などに関する用語です。

≫サービス関連

名称	解説
一般電話	固定の有線電話回線のこと。通信サービスの場合は、この有線電話回線を利用したデータ通信を指す。
ISDN	Integrated Service Digital Networkの略。電話やFAX、コンピュータ間の通信などさまざまな通信データを、一括してデジタル信号で送受信する電話回線網のことで、「サービス統合デジタル網」「業務統合デジタル網」などと訳される。日本ではNTTがこのサービス（「INSネット」）を提供している。
ADSL	Asymmetric Digital Subscriber Lineの略。非対称デジタル加入者回線。電話線を使って高速な通信技術によってデータ通信を行うサービス。上りと下りの速度が異なるのが特徴。
CATV	Community Antenna TeleVisionの略。ケーブルテレビ。地域のCATV局から敷設したケーブル網を利用して、テレビ放送を行うシステム。インターネット接続サービスや電話サービスなど通信サービスも行われる。
FTTH	Fiber To The Homeの略。光通信網を構築して一般家庭へのデータ通信を行うサービス。電話回線より高速な通信が可能なため、ユーザーが増加している
フレッツ	NTTがインターネット常時接続のために回線を提供するサービスの名称。定額料金（flat）で、インターネットを楽しめる（friendly）、柔軟な（flexible）環境、という意味の造語。
赤外線通信	無線通信技術の一種。赤外線領域の光を利用してデータ通信を行う。PC間や周辺機器の通信用によく用いられる。

名称	解説
パケット通信	通信方式の一種。データをパケットという小さなまとまりに分割して送受信を行う方法。通信効率がよいためインターネット上で多数のユーザーが同じ回線を利用できる。
IP電話	インターネットや独自のネットワークで通信する電話サービスの一種。音声をデジタルデータに変換してパケット化し、ブロードバンド回線に流すことで、距離によらず低価格な電話サービスを実現している。
ブロードバンド通信	広帯域通信。高速、大容量の情報を転送する通信サービス。
ローミング	事業者間の提携により、契約している通信事業者のサービスエリア外でも、提携先の事業者の設備等を利用して、元の事業者と同様のサービスを受けられるようにすること。
モバイル	「可搬性の」「可動性の」という意味から、携帯可能な情報通信機器・コンピュータなどを形容して使われる言葉。

≫装備、機材

名称	解説
ルーター	複数のLANを接続し、適切な経路を選択してデータの転送を行う中継・分配器。
ダイヤルアップルーター	電話回線を用いてインターネットに接続するルーターの一種。
LANアダプタ	LANボードやLANカード、NIC（Network Interface Card）とも呼ばれ、異なるネットワークまたはコンピュータどうしを接続させるために利用する機器。
ターミナルアダプタ	TA。パソコンやモデム、アナログ電話、FAXなど、そのままではISDNに接続できないアナログ式の通信機器を、ISDNのようなデジタル方式の機器に接続するため、信号の変換を行う機器。
ハブ	ネットワーク上でケーブルを、分岐・合流させるための機器。集線装置。
メタル回線	通信回線の一種。銅線などの金属材料を芯線に用いた回線。

名称	解説
ケーブル	絶縁物で被らせた電線、光ファイバーなど。
LANケーブル	LAN端子を通じてコンピュータやネットワークを接続するインタフェースの1つ。
モジュラーケーブル	通信機器を電話回線に接続するためのケーブル。両端にコネクタを備えている。
光ファイバー	ガラスやプラスチックの細い繊維を使用した、光を通す通信ケーブル。
モデム	コンピュータのデジタル信号と電話回線などのアナログ信号を相互に変換する機器。変復調装置。
ケーブルモデム	CATVの回線を使ってインターネットに接続するための機器。
ポート	コンピュータ本体とその周辺機器の接続口。データ通信の出入り口。
周辺機器	コンピュータに接続して使用する機器のこと。マウス、モデム、キーボード、ディスプレイ、スキャナ、プリンタ、デジタルカメラなど。
デバイス	コンピュータに接続する周辺機器の総称。
シリアルポート	1つの回線でデータを1ビットずつ順番に送るシリアル転送方式で、コンピュータとその周辺機器を接続するインターフェースの1つ。
USB	コンピュータにキーボードやマウス、モデムなどさまざまな周辺機器を接続するためのシリアルインターフェイス規格の1つ。機器の接続を自動的に認識するプラグアンドプレイ機能や、コンピュータや機器の電源を入れたまま抜き差しができるホットプラグ機能をもつ。
パラレルポート	複数の回線で同時に複数のデータを送るパラレル転送方式で、コンピュータとその周辺機器を接続するインターフェースの1つ。
赤外線ポート	赤外線通信を行うための端子。一般的にはデジタル機器本体の外部にある。

名称	解説
LANポート	LANケーブルを通じてコンピュータ本体とその周辺機器と接続するインターフェイスの一つ。
NIC	Network Interface Cardの略称。コンピュータをネットワークに接続するためのインターフェイスカード。LANボード、LANカードなどとも呼ばれる。
ブリッジ	異なる2つのネットワーク間を繋ぎ、ケーブルを流れるデータを中継する機器
リピータ	ネット上を流れる信号の劣化を防ぐため、信号の補正、再生を行う中継機器。長距離のデータ転送や配線範囲を拡大するために使う。
メディアコンバータ	光ファイバーと銅線など異なるケーブルを接続し、信号を相互に変換する装置。
ゲートウェイ	ネットワーク上で、プロトコルの異なるデータを相互に変換し、通信できるようにする機器。
スプリッタ	ADSLでデータ通信を行う際に、アナログ電話回線から送られてくる信号を、電話機用の信号とデータ通信用の信号とに分離するための機器。

≫ネット設定関連用語

名称	解説
通信回線	有線、無線通信の通信線路。
無線	無線通信。電線や光ファイバーなどを用いずに通信する。
有線	有線通信。電線や光ファイバーなどを用いて通信する。
IPアドレス	インターネットやLAN上のコンピュータや通信機器を識別するため、1台1台に割り振られた番号あるいは数字列。
グローバルアドレス	インターネット上でほかのアドレスと重複しないよう、コンピュータや通信機器に対し一意的に割り当てられるIPアドレス。グローバルIPアドレスとも呼ばれる。

名称	解説
NAT	Network Address Translationの略。プライベートアドレスとグローバルアドレスを1対1で対応させて変換するしくみ。確保しているグローバルアドレスの数まで、複数のコンピュータを同時にインターネットへ接続できる。
NAPT	Network Address Port Translationの略。インターネット上の1つのグローバルアドレスを複数のコンピュータで共有し、同時に接続することを可能にするしくみ。
VPN	Virtual Private Network の略。仮想プライベートネットワーク。公共の回線を、あたかも自社内で構築した専用回線であるかのように利用できるサービス。
インターネットVPN	インターネットを経由して構築されるVPN。遠隔地のネットワークどうしがLANで接続されているのと同じ状態を作り出すことができる。
イントラネット	インターネットのしくみを利用して、企業などの特定の組織内で構築されたネットワーク。
アカウント	コンピュータやネットワークを利用するものを識別する符号や文字列。ユーザー名やIDのこと。
プロキシサーバー	内部ネットワークから外部のインターネットへのアクセスを中継・管理する代理サーバー。
プロパティ	ファイルや周辺機器などの属性に関する情報。
LAN	Local Area Networkの略。大学や研究所、企業の施設内など、比較的狭い空間にある機器どうしをつないだネットワーク。
無線LAN	LANの一種。無線通信でデータの送受信を行う。
ローカルエリア接続	LANに接続すること。
ホスト	ホストコンピュータ。ネットワークを通じてサービスや処理能力を別の機器やコンピュータに提供するコンピュータ。
アクセスポイント	電話回線や無線LANを用いてネットワークに接続するための接続先。

名称	解説
WWW	World Wide Web の略。インターネットで繋がったコンピュータどうしで情報を公開・共有するためのドキュメントシステム。
Webサーバー	HTML文書や画像、音声、動画などの情報を保存しておき、Webブラウザからの要求に応じて必要なWeb情報を送信するコンピュータ。
Webブラウザ	ブラウザ。Webページを閲覧するためのアプリケーションソフトウェア。
Webメール	ブラウザメール。Webブラウザを利用してメールを送受信できるサービス。
クライアント	コンピュータネットワーク上で、サーバーから何らかのサービスを提供される側のこと。
ポート番号	コンピュータが通信を行う際、通信先のプログラムを特定するためにIPアドレスの下に設けられた番号。
コンピュータ名	ネットワーク上それぞれのコンピュータを識別するためにつけられる名前。
URL	Uniform Resource Locatorの略。インターネット上に存在する文書や画像などの情報資源（リソース）の場所を、指し示す記述方式。
ドメイン	インターネット上のコンピュータやネットワークを、一意に識別するためにつけられる名前。IPアドレスとセットで管理される。
DNS	Domain Name Systemの略。インターネット上のホスト名とIPアドレスを対応させ、変換するシステム。この作業を行うDNSサーバーを、DNS（Domain Name Server）ともいう。
コンテンツ	情報の内容、中身。文字、動画、音楽などを組み合わせた、ひとまとまりの情報を意味することも多い。
電子メール	インターネットを通じて、文字によるメッセージやファイルなどのやり取りを行うシステム。

名称	解説
メーラー	電子メールの作成や送受信、保存・管理を行なうソフトウェアのこと。
通信プロトコル	ネットワーク上でコンピュータどうしがデータをやり取りするための約束事の集合。通信規約。
TCP/IP	Transmission Control Protocol / Internet Protocolの略。インターネットで標準的に使われるプロトコル。
Telnet	ネットワークにつながれた離れた場所にあるコンピュータを遠隔操作するために使用されるプロトコル。
HTTP	HyperText Transfer Protocolの略。WebサーバーとWebブラウザの間でデータを送受信するのに使われるプロトコル。
FTP	File Transfer Protocolの略。 インターネット上でファイルを転送するのに使われるプロトコル。
POP	Post Office Protocolの略。メールサーバーからメールを受信するためのプロトコル。
SMTP	Simple Mail Transfer Protocolの略。電子メールを送信するためのプロトコル。メーラーがメールサーバーへ送信を行うときや、サーバー間でメールを転送するときに利用される。

I インターネット　セキュリティ

コンピュータやネットワークのセキュリティに関する用語です。

≫セキュリティ関連

名称	解説
コンピュータウィルス	コンピュータに被害をもたらす目的で設計された、悪質なプログラムの総称。
ウイルス対策ソフト	コンピュータウィルスを検出し、駆除する機能をもったソフトウェア。アンチウィルスソフト

名称	解説
ハッカー	本来は高いコンピュータ技術をもつ人に対する尊称。転じて、技術を悪用して他人のコンピュータに侵入・破壊を行なう者を指すことも多い。
クラッカー	悪意をもってコンピュータやネットワークに侵入し、データの盗み見や、改ざん・破壊といった悪事をはたらく者のこと。
不正アクセス	コンピュータの正規利用者ではない者がコンピュータを利用する、あるいは利用しようと試みること。
セキュリティホール	設計ミスやバグなどによって生じた、システムのセキュリティ上の弱点。
ファイヤーウォール	特定のネットワークやコンピュータの境界に設置し、外部からの侵入や、内部から外部への情報漏洩などを防ぐ機能をもったソフトウェアやハードウェア。
個人情報	名前や住所など、特定の個人を識別することができる情報。
暗号化	データを決まった法則に基づいて変換し、第三者が容易に読めないようにすること
電子署名	ネットワーク上で本人確認をするために電子的に作成されたデータ、署名。デジタル署名やデジタルIDとも呼ばれる。
SSL	Netscape Communications社が開発した、WebブラウザとWebサーバー間のHTTP通信を暗号化するプロトコルの1つ。
TLS	WebブラウザとWebサーバー間のHTTP通信を暗号化するプロトコルの1つ。SSL 3.0をもとに改良が加えられたもの。
クッキー	Cookie。Web利用者のコンピュータに一時的に保存されるファイルのこと。有効期限が過ぎたら自動的に破棄される。
セキュリティポリシー	企業や組織がセキュリティ対策を行ううえで、そのベースとなる考え方や行動を定めたもの。

名称	解説
フィルタリング	送受信するデータを監視し、特定の条件に合致するかどうか、あるいは特定の制限に抵触しないかどうかをチェックして、データの通過・遮断を判断する機能。
認証	インターネット上のセキュリティを保つため、ユーザーの正当性を確認すること。パスワードを使った本人確認はその一つ。
フィッシング	金融機関、大手ショッピングサイトなど信頼できる企業からのメールを装って偽のWebサイトにアクセスさせ、クレジットカード番号や暗証番号などの個人情報を入力させて盗み取る詐欺の手口。
セキュリティパッチ	設計ミスやバグなどによって生じたセキュリティホールを修正するプログラム。
ネットワークセキュリティ	ネットワーク上の安全を確保するための防衛手段。
マルウェア	malicious software（悪意のあるソフトウェア）の合成語。コンピュータウイルス、ワーム、スパイウェアなどコンピュータに有害活動を行うソフトウェアの総称。
スパイウェア	知らない間にコンピュータに侵入し、ユーザーに気づかれないよう個人情報などの収集を行うソフトウェア。
ワーム	自己増殖を繰り返しながら、コンピュータに悪害を与えるプログラム。
DoS攻撃	Denial of Servicesの略。特定のコンピュータに大量のデータを送信し、コンピュータの処理機能を低下、または停止させること。
踏み台	所有者が気付かないうちに第三者に乗っ取られ、不正アクセスや迷惑メール配信などの不正行為の中継地点として利用されているコンピュータのこと。
辞書攻撃	辞書にある単語のランダムな組み合わせでパスワードや暗号の解読を試みる攻撃手法。
パスワードクラック	他人のパスワードを解析し、暴くこと。

名称	解説
なりすまし	他人のユーザーIDやパスワードを不正に入手し、その人のふりをしてネットワーク上で活動すること。
改ざん	第三者がネットワークを通じてコンピュータに侵入し、データや通信内容を不正に書き換える行為のこと。
ネット詐欺	インターネットを利用して行われる詐欺行為の総称。インターネット詐欺。
ワンクリック詐欺	ネット詐欺の一種。アダルトサイトや出会い系サイトなどにアクセスし、サイト内の画像や「入会規定」などと書かれたリンクをクリックすると、「登録完了」「料金をお支払いください」といったメッセージが表示される、不当料金請求の手法。
架空請求メール	Webサイト利用料などについての架空の請求書を無作為にメールで送りつけ、支払を要求する詐欺の手口、またはそのような内容のメールのこと。

≫組織

名称	解説
IPA/ISEC	IPAセキュリティセンター。経済産業大臣が定める情報セキュリティ対策の強化等の目標を受け、国内の情報セキュリティ対策業務を行う機関。
サイバーフォース	警察庁が設置しているハイテク犯罪やサイバーテロに対応する機動的技術部隊。
サイバー犯罪対策室	各都道府県警が設置するサイバー犯罪の取締り、またその予防対策に関する広報活動を行う部署。
警視庁ハイテク犯罪対策総合センター	インターネットやコンピューターを利用したハイテク犯罪を捜査するために警視庁が設置した部署。

インターネットマナー

皆がインターネットを安全、快適に利用するために、一人一人が守りたいルールやマナーがあります。

ここではインターネットを利用するときの基本的なルールやマナーを紹介します。インターネットは顔の見えない多くの人が利用する場ですから、一人一人が責任の意識を持って守っていきたいものです。

I セキュリティ対策を忘れずに

インターネット上にはさまざまな危険が潜んでいます。安心してインターネットを利用するには常にセキュリティに注意する必要があります。基本的な注意点は次のとおりです。

（1）コンピュータウィルスに注意する。コンピュータにはセキュリティソフトを導入し、不審なWebページにアクセスしたり、怪しいソフトウェアをダウンロードすることは避けましょう。また、知らない相手からのメールは開かないようにしてください。
（2）個人ユーザーIDやパスワードの管理は慎重に。IDやパスワードは他人に類推されにくいものを使い、サービスごとに変えましょう。また、たとえ家族であってもIDやパスワードを共有すべきではありません。
（3）個人情報の取り扱いに注意する。インターネット上の情報は、誰でも簡単に集めて利用できます。Webサイト、ブログ、掲示板といった場所で、自分または家族の氏名、住所や電話番号、顔写真など、個人が特定できる情報を公開したり表示したりしないようにしましょう。アンケートに回答したことから個人情報が漏れるようなケースもありますから、信頼できる相手かどうかを確認することも大事です。

I 電子メールを利用する際には

電子メールは手軽にメッセージやファイルを送れる便利なツールですが、そのぶん基本的な注意やマナーがおろそかになりがちです。電子メールを正しく利用するために、まず以下のことを知っておきましょう。

（1）相手のメールアドレスを確認する。メールアドレスは1文字違っても相手に届きません。不達や、別人に配信されてしまうトラブルを防ぐために、送受信するときは常にアドレスを確認するのがよいでしょう。
（2）宛先を確認する。相手はTo、Cc、Bccのどれに該当するのかをよく確認しましょう。受信したメールに対して返事を出すときには、特に注意が必要です。

(3) 適切な文章を書く。相手を不愉快にさせない表現や言葉使いをこころがけましょう。また、1行あたりの文字数は全角35文字（半角70文字）以内が適当です。
(4) 受信した電子メールは公開しない。受け取った電子メールの内容を転載・掲載することが著作権の侵害になる場合もありますので十分気をつけましょう。
(5) ファイルサイズの大きな電子メールを送らない。大きなファイルを添付する場合は適切なサイズになるように圧縮しましょう。また、添付ファイルを送る場合は、まず相手の許可を得るのがマナーです。
(6) 不審なメールは開かない。知らない相手からのメールや、そのメールの添付ファイルは開かずに削除しましょう。ウィルスを含んでいる可能性もあります。
(7) チェーンメールやいたずらのメール、営業目的のダイレクトメールを送らない。受け取った場合は無視しましょう。加入しているプロバイダの迷惑メール対策（フィルタリングなど）を利用するのも一つの方法です。

I 知的所有権・著作権に注意しましょう

情報の収集にもたいへん便利なインターネットですが、無意識に著作権の侵害を起こしている可能性もあります。

(1) 無断転載、コピーをしない。Webサイトに載せている文書、写真などを無断転載、複製することは著作権の侵害にあたります。他人の著作物を転載あるいは複製などを行いたい場合は本人の許可が必要です。
(2) 引用元を明示する。正当な目的があり、適当な範囲内に限って文書や記事の引用が認められます。しかし、その場合も引用元を明示しなくてはなりません。

I 掲示板を利用する際には

掲示板（BBS）は、意見の発表や交換、情報の収集などに利用されています。誰でも参加・閲覧できるので、掲示板の利用には注意が必要です。

(1) 多くの人が見ていることを意識する。掲示板は、実際に書き込んでいる人以上に、閲覧するだけの人がいます。多くの人に読まれていることを意識し、利用者の迷惑にならないようにしましょう。たとえば、場の空気を読むこと、発言内容に気をつけること、嫌がらせやけんかの挑発にのらず冷静に対処することなどが大切です。
(2) 信憑性の薄い内容や、誹謗中傷を書き込まない。信頼関係を失い、トラブルの原因にもなります。書き込む内容が適切かどうかをよく考え、発言には責任を持ちましょう。
(3) 広告の書き込みはしない。許可を受けた場合を除き、掲示板に広告の書き込みを行うのは迷惑行為とみなされますので注意してください。

さくいん

<か>

<さ>

<た>

<な>

<は>

<ま>

<や>

<ら>

<わ>

[著者紹介]

(株)アンク（http://www.ank.co.jp/）

ソフトウェア開発から、Webサイト構築・デザイン、書籍執筆まで幅広く手がける会社。著書に絵本シリーズ「『Cの絵本』『TCP/IPの絵本』『Perlの絵本』『JavaScriptの絵本』ほか」、辞典シリーズ「『HTMLタグ辞典』『スタイルシート辞典』『JavaScript辞典』『ホームページ辞典』ほか」（すべて翔泳社刊）など多数。

■書籍情報はこちら ……….http://books.ank.co.jp/
■絵本シリーズの情報はこちら ….http://books.ank.co.jp/books/ehon.html
■翔泳社書籍に関するご質問 ……….http://www.seshop.com/book/qa/

執筆	春田 慶
執筆協力	高橋 誠、張 夏燕
イラスト	小林 麻衣子

装丁・本文デザイン	嶋 健夫
DTP	株式会社 アズワン

インターネット技術の絵本

Webテクノロジーを知るための9つの扉

2009年 8月27日　初版第1刷発行
2010年 3月5日　初版第2刷発行

著　者	株式会社アンク（かぶしきがいしゃあんく）
発行人	佐々木 幹夫
発行所	株式会社 翔泳社（http://www.shoeisha.co.jp/）
印刷・製本	株式会社シナノ

本書へのお問い合わせについては、ii ページに記載の内容をお読みください。

乱丁・落丁はお取り替えいたします。03-5362-3705までご連絡ください。

ISBN978-4-7981-2034-8　Printed in Japan